让你活得明白

孙学章◇著

中央编译出版社
Central Compilation & Translation Press

图书在版编目(CIP)数据

让你活得明白/孙学章著. —北京:中央编译出版社, 2010. 3
ISBN 978-7-5117-0198-5

Ⅰ. ①让… Ⅱ. ①孙… Ⅲ. ①人生哲学-通俗读物
Ⅳ. ①B821-49

中国版本图书馆 CIP 数据核字(2010)第 025165 号

出 版 人　和　龑
责任编辑　韩慧强
特约编辑　朱　珊
责任印制　尹　珺
出版发行　中央编译出版社
地　　址　北京西单西斜街 36 号(100032)
电　　话　(010)66509360(总编室)　(010)66509405(编辑室)
　　　　　(010)66161011(团购部)　(010)66130345(网络销售)
　　　　　(010)66509364(发行部)　(010)66509618(读者服务部)
网　　址　www. cctpbook. com
经　　销　全国新华书店
印　　刷　北京中印联印务有限公司
开　　本　700×1000 毫米　1/16
字　　数　180 千字
印　　张　14. 25
版　　次　2010 年 3 月第 1 版第 1 次印刷
定　　价　29. 00 元

目 录 Contents

序言一

自古以来，就不断有人在苦苦思索人生的意义。苏格拉底甚至说：“没有经过反思的生活是不值得过的。”人人都想活个明白。

是的，无论是否活得明白，所有的人都要走向一个共同的终点。在这里人和人之间没有任何差别。人和人之间最大的差别在于，是否愿意和希望活得明白。活得明白是什么意思？就是要理解生活，理解生命的意义。理解了，也就明白了。学章的这本书就是对人生意义进行理解的一个尝试，这个尝试建立在他自己对生活的思考和对生命的体验的基础之上。

人不可貌相。从外表看，学章不像个商人，倒像个学者。我们一见面就讨论哲学问题。每次到我家，学章都拿几本哲学书去看，比如康德、马赫等人的著作。最近他开始关注现代哲学了。

几年前，当学章把自己用业余时间写的几篇文章给我看的时候，我吃了一惊。他动真格的了，真想当个哲学家。说实话，我当时除了吃惊，还有点儿怀疑。之后我们多次见面，他向我勾勒了自己的思想体系。最后，当我读到他的全部书稿时，我不再吃惊，因为，这本书就是他平时思考的结果。全书语言平实无华，阐述深入浅出，深奥的道理孕育在平常日用之中。最重要的是，书中所有道理，都经过他自己的深思熟虑，细心的读者可以从中看到他思考的痕迹。

学章是个成功的商人，是个由时代造就的商人。但是，我在他身上却看到一种无奈。因为就气质而言，他是个哲学家。以前我总在想，真是命运的捉弄，阴差阳错，他竟然去经商了，而没有去搞学问、研究哲学。看到了这部书稿，我认为，学章成了一个名副其实的学问家、哲学家，但这不是时代造就的，而是天赋使然。他是如何实现自己的哲学天赋的呢？随便思考一些深奥的问题和哲学道理，这还算容易。但是，要把自己的思考写成书，这是需要很多条件的。作为专业处理文字工作的人，像我在写文章的时候，需要静下心来，写书更需要大块的时间。学章能在不耽误自己主业的情况下，在根本不适合做学问的条件下，做出了大学问。答案还得去到他的书里去找。

在当今中国社会里，有很多先富起来的人都达到了“小康”社会的标准。就经济实力而言，有些人甚至在“小康”社会里也是富翁。但是，到底什么是“小康”社会？除了经济标准之外，再没有别的标准了吗？在“小康”社会里，人们还会有烦恼吗？还会为“生命的意义”这样的问题伤脑筋吗？人们还会受生老病死的折磨吗？他们如何看待金钱与幸福？他们的追求会是什么？他们还需要奋斗吗？他们之间还需要爱吗？他们需要上帝吗？……

“小康”社会不会取消金钱，相反，金钱才是一般人理解的“小康”社会的基础；同样道理，“小康”社会更无法消除思想，相反，那里的人们因为“衣食无忧”而有更多的闲暇时间，因此，那时候，会有更多的人进行哲学思考。而且，那里的人们所遇到的和思考的问题，和我们今天正在走向“小康”社会时所遇到的和思考的问题不会有实质性的差别！

如果“小康”社会里还有“穷人”的话，肯定都是些思想上的“穷人”。

张百春（北京师范大学哲学与社会学学院教授）

2009年10月10日

序言二

我写《让你活得明白》这本书之前，看到了许许多多人为了金钱可以不顾礼、仪、廉、耻。这种现象的出现，与我国未形成完善的市场经济的道德规范有关。在计划经济时期，物质生活太过于匮乏，甚至有的地区吃不饱，穿不暖，用句俗话说就是“穷怕了”。因此，实行市场经济之后，人们把对物质的追求当成了人生的唯一目标。金钱是可以直接满足物质需求的，人们同样把对金钱的追逐当成人生的唯一追求，“金钱就是一切”成了绝大多数人的价值观。在他们看来，金钱可以做到一切，金钱就是幸福。因此，为了金钱去偷、去抢、去骗、去造假也就成了顺理成章的事，而为了金钱去欺瞒、赖账、掺假、偷税、冒牌、盗版、吃回扣、挖人墙脚等也自然就成了天经地义的事。像这样的人，如果不改变一下价值观，持续下去将会对社会造成极大的危害。针对于这些人我写了有关的文章，如:《对钱的看法》、《怎么才幸福》、《道德与法律》等。

随着改革开放以及市场经济制度的实行，社会生产力得到了大大的解放，人们的物质财富积累也越来越大，绝大多数人都解决了温饱问题，即解决了基本的物质需求，其中有相当大一部分人过上了小康生活，有房、有车，不必再为衣、食、住、行发愁了。紧接着，这些人精神上出现新的迷茫，不知道下一步应该干什么，精神上空虚，无所事事。有钱人迷上了吸毒、赌博、嫖娼、购置豪宅、包养二奶、三奶，觉得这样才是人生的幸福。以上这些人虽然解决了物质方面的需求，但是精神方面的烦恼不但没有减少反而增加了，妻离子散、众叛亲离的现象大量出现。针对以上的现象，我写了

《我是谁》、《我为谁活着》、《爱会给你带来什么》、《你肯定需要这样的理想》等文章，在文章中分析了什么是“我”，“我”并不只是我自己，“我”的核心是虚幻的“记忆”。“我”不是为我自己而活着，而是为“我”所爱的人活着，这才符合人的本性。人不仅要爱你的亲人、朋友，同时也应该爱你的敌人，这样你就有更高的人格，达到人生追求的最高境界。

社会的发展出现贫富两极分化，有的人出现了心理上的不平衡，抱怨社会的不公平，开始打击、报复社会。出现这种现象，主要是由于个人的认识造成的，有的认为是社会制度不公平，有的认为一切都是命运的安排。例如，有的人天生就有一个好的家庭，出生在一个富贵家庭中，可以一生无忧，而有的人天生在一个贫困的家庭中，注定要一生劳苦，从表面上看这种现象是不公平的，但是当你明白了人生的真谛之后，你就会理解这种情况仅仅是表面的不公平。社会以及大自然给予每个人的机会是一样的，幸福度是一样的，因此，这种现象后的本质是公平的。我写的《大自然是公平的》、《人与人是平等的》、《感觉论》几篇文章是从人的感觉出发来解释为什么社会及大自然都是公平的。从现象上看，人是生活在物质世界中，从物质的角度看，每个人拥有不同财富，肯定是不平等的，但从人的意识角度看，人是生活在一个感觉的世界中的，人的感觉才是幸福（人生的意义）的尺度。财富的多少不是和人的幸福成正比，只有感觉才和幸福成正比。幸福就是人的一种感觉。

综上所述，现在人们出现了精神需求的危机，精神无所寄托，各种不良现象大量出现。因此，我作为一个有责任的社会人，有义务来为这些人医治一些精神上的“疾病”，给他们一些精神上的食粮，让人们摆脱精神上的痛苦，减少精神上的烦恼。要想从根本上治愈精神上的“疾病”，头痛医头、脚痛医脚的做法是远远不够的。因此，必须从世界观、人生观、道德观几个大的方面全面阐述，只有让人全面正确树立世界观、人生观、道德观并且让人有一个实践和改正的方法才能全面解决困扰人们的精神“疾病”。

人们往往是只相信自己的眼睛观察和头脑的判断，认为自己的判断和结论是正确无误的，很难相信自己的世界观、人生观和道德观出现了错误，也就是说很难相信自己的精神上存在“疾病”，这就大大增加了“医治”的难度。应该相信，大多数人对世界观、人生观、道德观的认识是远远不够的，与哲学家和宗教学家相比是肤浅的。我不是什么哲学家以及宗教学家，但我对这些问题的思考已有25年了，并且花了大量的时间来探究这些问题。我相信，我的这些思考结果应该具有一定的价值。在写这本书时，我也引用了一些哲学家和宗教学者的研究成果，相信这些结论也会对本书的读者有较大的启发作用。

我不是一个专门研究哲学的哲学工作者，我也不是教徒，我目前的身份是一个商人。我爱好哲学，喜欢思考，但我看书学习的时间的确很少。我是接受马列主义、毛泽东思想的教育长大的，唯物主义观念根深蒂固。也许读者会发现，我的有些观点与马克思主义的哲学体系不完全一致。我要告诉读者的是：马克思列宁主义以及毛泽东思想是真理，但真理是要发展的。实践是检验真理的唯一标准。科学发达了，实践的科技水平提高了，因此，真理也需要发展。我的许多哲学观点是在最新科技发展水平的实践基础上形成的，如我的《世界二元素论假说》、《物质与意识的关系》中的观点。我的这些观点借鉴了计算机的原理以及量子力学的最新科研成果，可是马克思时代并不存在计算机和量子力学。我在尝试地发展马克思主义的观点，但其中肯定有错误之处，如果能起到抛砖引玉的作用我也就知足了。

我认为，西方的许多哲学流派也有它的社会价值。如佛教，它是唯心主义流派的，它的作用起到了解脱人类精神痛苦的作用。中国的法律是信仰自由，因此，并不是信了佛教就是反社会主义的。唯心主义的学派（如佛教），是从人的意识角度去看待一切的。一切烦恼是生于心，只要净心就可以消除烦恼。关于对西方哲学的评价我写了后记：《关于哲学批判的批判》，其目的是我们不要一味地去否定西方文化中的一切，哪怕是与马克思列宁主义不完全一致的哲学观点也有它的一定社会价值，否则我们人类只需要马克思、恩格斯、列宁几个哲学家就够了，其他的哲学家不都失去了存在的意义？我们应该有博大的胸怀来对待西方哲学流派中的不同观点，扬其精华，弃其糟粕，绝不能一味地否定。

我不是一个信教的人，但我不反对信教。我是一个彻底的无神论者。现在社会上有许多人开始信教，我认为信教（除邪教外）不是一件坏事，而是一件好事。现在的人，大多人心浮躁，精神方面烦恼增加，也就是得了我前面讲的精神“疾病”。这些人有必要去找地方医治，否则社会不安定因素会大大增加。三大宗教中我最认可的是佛教。佛教博大精深，我的许多观点与佛教中的观点一致，如：诸行无常、诸法无我、因果律，诸恶莫作，众善奉行，人应该以大慈大悲作为人格的最高修养，等等。

每个人都有追求人格完美的愿望，成佛的追求是使自己的人格修养达到圆满的最高境界。这种最高境界实际上是使自己的生命意义达到最大。

每个人的人生社会价值不同，有的人一生为社会创造的财富为几万元，有的人为几亿元。有的人只能顾自己，不能照顾到别人，而有的人却能把握成千上万人的命运。

人生社会价值可以以慈悲之心来划分，慈悲之心小的人，其影响的范围就小，而慈悲之心大的人，其影响的范围就大。前者的人生社会价值小，后者的人生社会价值大。我写这本书的目的之一也是让更多的人认识到什么是人生的社会价值，什么是正确的人生观，以及如何使自己的人生社会价值更大，这就是爱，慈悲心让每个人有更多的爱。

这本书的论点是以当今最新的科学发现成果为基础的，让更多的人用科学的和哲学的眼光去看待一切。我们现代人都具有科学的眼光，与两千多年前的情况绝不相同，特别是知识分子，一般很难相信宗教中的神、鬼、灵魂，等等。我想让更多的人明白人生的真谛，让更多的人活得明白，这样，我的目的也就达到了。

第一部分

认清世界

这世界是个好地方，值得为之奋斗。

——海明威

世界如舞台，你我不过是演员。

——莎士比亚

世界像一面镜子：你朝它皱眉，它也朝你皱眉；你微笑，它也微笑。

——塞缪尔

世界属于那些和世界一起思索，一起行动，并且触摸到它的脉搏的人。

——拉尔夫·英

一个人要想活得明白，就要首先搞清楚世界究竟是怎么一回事，要搞清人类从哪里来又到哪里去，就像每个人一定要清楚自己的亲生父母一样。很多人会提出这样的问题：我们的宇宙是怎样形成的？宇宙是有限的还是无限的？物质到底是什么？物理书上讲，物质是由原子组成的，仅此而已吗？人类的本性是什么？上帝是否存在？这些问题在本书的第一部分中进行了详细的阐述。

世界看似复杂，实则简单

我们周围的世界万物，看起来非常复杂，千差万别，这只是一种表面现象。我在此做了大胆的假设：物质的本质非常简单，我把它定义为二元素，万物皆由二元素构成，就像计算机的复杂程序是由0和1构成的一样。虽然物质的基本元素非常简单，但可以组合成世界万物。

世界看似不公，实则公平

生物的寿命有长短之分，个头有大小之别，生存方式千差万别，表面看，有着很大的不公平，实际上，它们都在大自然的怀抱之中各得其乐。因为自然之神给予它们的生命意义是平等的。

有人出身富贵，有人出身贫贱，这是外在的不平等。而人生的意义在于是否幸福，幸福并不取决于富贵和贫贱。每个人幸福的权利和机会是均等的，因此，从人生的意义来看，人与人是平等的。

我们的终极祖先
——宇宙的诞生与死亡

我们人类从哪里来又到哪里去，这是一个古老的话题，也是我们每个人想搞清楚的重要问题，就像每个人一定要搞清自己的亲生父母一样。毫无疑问，我们人类是从宇宙物质演化而来，那么宇宙又是从哪里来到哪里去呢？这个终极的话题，科学界并没有给予完美的答案，我在此尝试着给了。这个答案目前是一个猜想，由大家来评价是否是一个合理的符合逻辑的猜想。英国诗人威廉·布莱克说得好：“从一颗沙粒看世界，从一朵野花看天堂；把握无限于手掌，把握永恒于瞬间。”

我们的宇宙诞生于150亿年前。宇宙诞生前的体积很小，相当于一个原子核大小。宇宙是由一个很小的物体经过大爆炸形成的。大爆炸开始时，不存在原子，只是一些很小的粒子，然后形成了氢原子和氦原子。可以说大爆炸开始时，宇宙是一片混沌状态，没有星球，像一团雾一样。由于引力的作用，慢慢地原子之间互相积聚，形成一团一团的原始星云，星云逐步演化形成了密度较大的气体星球，气体星球逐渐演化为固体星球。宇宙的爆炸一百亿年来一直持续进行，直到现在，宇宙仍然不断地扩大，速度相当地惊人。

因此，我们的宇宙万物形成的过程是由几种粒子逐步并聚，形成原子，又由原子的并聚形成分子的过程。宇宙开始之初的基本最小粒子，我假定为是⊕和⊖两种基本粒子，这两种基本粒子互相作用形成了丰富多彩的大粒子。这一论述将在我的“世界二元素论”中加以体现。这一观点很像老子《道德经》中讲到的“一生二，二生三，三生万物”的论点。

关于宇宙的诞生，我这里只是简单地把科学界的观点叙述一下，更详细的描述大家可以查阅科技文献。但科学界并没有说，我们的宇宙之外，是否存在其他的宇宙，因为到目前为止，受观测水平的限制，天文学界还没有发现宇宙之外的星体。科学界所发现的星体的年龄都在150亿年以下，这些星体，都属于同一个宇宙。我也不敢枉断，我只是做一猜想，我个人认为我们现在的宇宙只是一个小宇宙，在这个宇宙之外存在着无数的小宇宙，无数的小宇宙构成一个大宇宙（无穷大）。任何天体的存在就像生物一样，有生有灭。这些小宇宙存在的状态各有不同。我们之外的宇宙有的处于大爆炸期，有的处于死亡期，有的已经死亡。我们的宇宙是物质和能量共存的宇宙，而其他的宇宙并不一定是物质与能量并存的宇宙，有的是物质宇宙，有的是能量宇宙。物质宇宙是我们可以观测到的，而能量宇宙我们就不一定能观测到。物质与能量是可以相互转化的。物质与能量在转化之中，就意味着是一个活的宇宙，如果到达转化的尽头，也就意味着死亡。因此，纯能量和纯物质的宇宙我们可以认为是宇宙生命的两极。

因万物的运行发展规律都有其共性，我以上的假说也是基于对其他物质运行规律的分析后才得出的结论。由此可以推断，我们的宇宙诞生前是一个纯能量的宇宙，我们宇宙发展到纯物质后就走向死亡。究竟死亡之后，怎么样由纯物质再向纯能量转化呢？我想这就与我们宇宙之外的宇宙有关，否则，它自身是很难转化的。就像一棵大树死了，变干枯了，干枯的大树自已不会向生命的最初状态转化，只有靠大树外界的物质才可以转化。

因此，我们的宇宙在死亡后，并不是自身的原物质又恢复到原来的能量状态，而是与其他宇宙一起转化，形成的新宇宙是另一个宇宙，并不是死而复活。

宇宙万物的形成机理
——世界二元素论假说

只要自然科学在思维着，它的发展形式就是假说……进一步的观察材料会使这些假说纯化，取消一些，修正一些，直到最后纯粹地构成定律。

——恩格斯

世界二元素论假说无法从自然科学的实验中得出，主要是通过自己的推理得出的结论和假设，故此称之为假说。我的这些推理和假设会启发自然科学家去思考和验证我的观点。实践是检验真理的唯一标准，没有经过科学实验验证的理论不能称之为科学，但也会给人们一定的启发和帮助。我希望我的这些观点能起到抛砖引玉的作用。

一、真实世界是一个简单的世界

大多数的人认为自然界是复杂的，它是由形形色色的物质构成的，是千奇百怪的。我们看到的是五颜六色的多彩世界，我们听到的是各种声音包括各种美妙的音乐，我们品尝到的是酸、甜、苦、辣、香、臭各种味道，我们摸到的是……

总之，我们愿意相信我们所生存的世界是丰富多彩的。形成这种观点是非常容易理解的，因为人是靠自己的感官（眼、鼻、舌、耳、皮肤等）去感受世界的，人们最相信自己的感官，只要是感官所能感觉到的，就会相信它的存在。其实，我们的所谓丰富多彩的世界，实际上是一个感觉的（精神）世界，并不等同于真实世界。我们的感觉与物质的终极本性有很大的差异，这一点在我的《感觉论》一文中有详细的阐述。真实世界看似复杂，实际上是非常简单的世界，它由两个元素经过复杂的组合、变化构成。

二、世界二元素论假说的理论基础

我们大家在中学时学过物理、化学，知道了构成物质的基本元素是分子，分子是由原子构成，原子是由原子核和电子构成。高等物理讲的是，原子核由质子和中子构成，质子和中子又是由更小的夸克组成。而直到现在，人类还没有搞清楚电子、光子、夸克、电磁荷的亚结构。

有人说，正奇子和反奇子是构成所有粒子的基本单位，奇子的直径约 10^{-33} 厘米，它就是构成世界的不可分割的最小基本单位。这种观点是否正确？我认为，如果世界真的有那样简单就好了。

我的观点是：世界上的所有不同物质都归结为相互作用的两种物质⊕和⊖。但是，这两种物质不是前面提到的正奇子和反奇子，并能给出它们的尺寸大小。⊕和⊖没有尺寸，也可以说是无限小的，它只是一种理想中的物质符号，这就像电脑的程序是由 0（关）和 1（开）组成一样。大家认为电脑是一种神奇的物质，其实它的原理很简单，就是由 0 和 1 进行多种组合变换构成了亿万个不同的程序，每个程序都实现着差异非常大的功能。其实古代道家的始祖老子早就说过：道生一，一生二，二生三，三生万物。我把世界上的物质归结为⊕和⊖，也许会惹来所有人包括科学家的指责，觉得这是一种不负责任的说法，谁都无法理解，认为这是不可能的。计算机的程序可以理解，但物质的构成是由⊕和⊖组成就根本无法理解。有人会说，仅仅是光子、磁粒子、电子、夸克就远远超出了两种物质，何况是大千世界了。但我要说的是，光子、磁粒子、电子、夸克等物质远远不是物质的最最基本的元素，它只不过是由⊕和⊖经过复杂的组合构成的宏大物体。也许人类永远无法实现将世界上所有的物质都分解成⊕和⊖，因为物质的分割是无穷尽的，电子也是可以分割的。我认为电子围绕原子核转就像地球围绕着太阳转。如果把电子放大，它的结构也许像地球一样复杂，因此电子可以无穷尽地分割下去。也许电子的结构像太阳系一样呢！我认为，每个电子的大小尺寸及质量也是不同的，这就像是在宇宙中找不到两个质量完全一样的星球一样。我认为，微观世界的结构和宇宙世界的结构是有许多相似之处的。

我认为，世界上的物质没有不可以分割的，而且任何物质同一级微粒之间都是存在着缝隙（或距离），这种缝隙之间又被更小一级的微粒填充着。物质的微粒按大小可分为不同级别，它们的体积因此相差很大。例如分子与地球是不同级别的，它们体积相差很大。地球上的物体之间由空气填充着，好像物体之间根本没有东西一样。那么原子和原子之间也有一种物质填充着，这种物质有的科学家叫乙太。真空是不是空的呢？我猜测不是的。真空就像古代人眼中的空气一样，只是没有发现其中的物质存在而已。我个人认为，如果真空中真的是空的，那么就不会有光波、电磁波的形成。我认为，这种波的载体就是所谓的乙太（可能比奇子还要小得多）。电子与乙太的质量不是同一级别的，就像地球与原子质量不属于同一级别一样。现在人类对电子的研究还远远不够，何况对乙太的认知呢！

以上的乙太并不是我讲的组成物质的二元素⊕和⊖，乙太也是庞大的物体，乙太也可以无限分割。越是到微观的世界，物质的差异性越小，即微粒的种类越少。我们看到的地球上的物体的物理属性如色彩、质量、温度差异性是非常大的，我们可以把世界上的可见物质分成千万种，到原子级别后，它们的差异减小，种类只有百十种，再到粒子级别即质子、电子、光子级别后，它们的种类更少。如果沿着这种思路一直探究下去，物质的组成微粒会只有两种。但组成的物质微粒的种类不能少于两种，否则，世界上的物质将没有差异性。两种微粒的不同组合可以产生千万种不同的物质。

我们看到的世界是一个五彩缤纷的世界，我们看到的每一个物体都独立存在，好像没有根本的联系，其实，世界上的所有物质之间都存在着紧密的联系。我们的人类与所有动物乃至所有植物之间都有一个共同的祖先，我们大部分的基因与它们相同。所有有质量的宏观物体都是由原子组成，也就是说它们有一个共同的祖先即原子。那么，所有的微观物质也应有一个共同的祖先，那就是二元素⊕和⊖。

三、如何理解世界二元素论假说

我们人类的感觉中客观存在的物理特性如：颜色有红、橙、黄、绿、青、蓝、紫七种色彩，其实只是光的波长不同而已；我们感觉到的温度，其实也是光波；我们听到的声音，其实是原子的振动；我们嗅到的味道，其实是物质电子运动轨道改变发生的（化学）反应。我们认为时间是永恒不变的，其实也是可以变的，在光速中时间是不存在的。而对于物质的质量，也被科学证实，质量是可以消失转化为能量的，也就是进一步证明了力是可以消失的。我们可以推理，电和磁也是可以消失的，因此，世界上的所有物质的特性描述都是人们凭自己的感觉描述的，这些物理特性都是感觉，都是可消失或转化的，都不是永恒不变的。我把这些物理特性称之为假象。那么，到底什么是世界的真相哪？在量子理论中，质量=能量=信息，质量是可以体验到的，如物体的重量，能量也是可以体验到的，如温度，但信息是不可以体验到的，只能是推理得到。质量、能量、信息都是物质表现的形式，质量是宏观物质的表现形式，能量是微观物质的表现形式，信息是超微观物质的表现形式。可见，超微观世界的本质不能用物理特性来描述，只能是一种猜测或假设。这种猜测就是我前面所说的世界二元素⊕和⊖假说。物质世界是一个神奇的世界，它的神奇不在于物质都有一个共同的祖先即二元素，而在于我们人类或动物有着太神奇的感觉，这种神奇的感觉表现了物质本身的神奇和复杂。因此，我所描述的世界二元素中的⊕和⊖体现了物质的物性，同时它也必然体现了物的“灵”性，这是因为：如果物质世界仅仅是像计算机的程序一样，由 0 和 1 的各种组合生成了万物，那么我们的感觉又是从哪里来哪？物性与“灵”性恰恰体现了物质的两面性，正是这种两面性才形成了我们的感觉和意识。

大自然是公平的

生物的寿命有长短之分，个头有大小之别，生存方式千差万别，表面看有着很大的不公平，实际上它们都在大自然的怀抱之中各得其乐。自然之神给予它们的生命意义是平等的。

一、如何理解神

现在很多道家庙宇中供奉着老子的神像，其实老子并不是神，而是一位地地道道的哲学家。为什么把老子当神供奉起来呢？这和中国的文化传统有关。老子把世界规律称为道，世界万物皆由道来支配。这就给人以误解，以为道就是神。在古代中国人的眼里，只有神才可以支配一切。

我们这一代人都是学马克思主义哲学长大的，对唯物论坚信不疑。因为到目前为止，没有任何科学发现有神的存在。科学发现，只是可能存在外星人。也许多少亿年以前，地球的生物是由外星人播下的生命种子通过进化形成了今天的人类。但直到现在也没有发现外星人的踪迹。宇宙中也可能存在比人类聪明得多的外星人，即使存在，我们也把他们称作人，而不是称为神。我本人有一种假设：也许整个的银河系或宇宙中的某个星系就是一个生物体。我在“世界二元素论中”已经讲过，人是一种生物，如果把人身上的分子看成一个星球，那么人体就是一个星系。从这个意义上讲，我们可以把宇宙中的某个星系看成某种生物体，只是人们不易理解而已。如果说神存在，它们就是这些星系。这样你就可以理解，刮风是神的呼吸，下雨是神在哭泣。

二、神（大自然）平等对待所有生物

大自然给予每种生物的生命意义是公平的。有人问：地球上有的生物例如虫子只活上几个月就死亡了，而人类可以活百年，这怎么能算公平呢？当你仔细观察就会发现，小生命的代谢是非常快的，它在几个月内就可以完成生儿育女的任务，经历从幼到老的过程，它有着类似我们人类的各种感觉：酸、甜、苦、辣；而乌龟的代谢非常慢，它活几百年也是经历这样的过程，也有同样的感觉。每一种生物都有它的生命意义，都会在自然之神的怀抱中享受到快乐。动物的生命同人的生命本质上是一样的，同样应该受到保护。

大自然给予了每种生物生存的不同技能，每种生物都有它的生存权利。一种生物的灭绝将会给其他生物带来很大的灾难。人类也同样应遵循这一自然法则。我们人类不能在这个地球上为所欲为，不能随意地屠杀、毁坏其他生物，否则就会自食恶果。最近几年自然灾害大量泛滥，这是给人类所犯罪行的教训。我们人类应该尊重其他生物（包括植物）的生存权利。这是自然之神（规律）给我们的教导。

三、神指使人实行公平原则

人类掌握了一部分大自然规律，也就代替了大自然行使某些职责。现在人类已经认识到生态平衡的重要性，主动去做维持生态平衡的工作。在各种生物种群中，担当起了法官的角色。当某种生物种群泛滥时，给予消减；根据某种生物的表现给予奖励和惩罚。狗是人忠诚的朋友，人类不愿杀狗；牛、马给人干活，所以人也不忍心杀死它们。有人问，为什么猪和羊就应该死呢？是不是也应该受到保护呢？这是因为猪和羊是人把它们养大的，它们是不劳而获者，所以人类可以享用。也许人类这样做是不对的，随着科技的进步，将来人类可以生产出人造的猪肉、羊肉，且味道比真的猪肉、羊肉更鲜美。人类社会正向着更加文明的社会过渡。古代野人可以随便杀死一些野生动物，甚至同类相残。在过去，黑人就像动物一样被白人任意贩卖和屠杀。人类向文明社会过渡有一个过程。再过几万年，也许人类回忆起屠杀动物的历史会惭愧，就像回忆贩卖黑人一样。也许再过几万年，通过基因的改造，可以把某些动物变得和人类一样聪明，去帮助实现人类无法实现的活动，变成人类的好朋友。

人类社会实际是自然界的一部分，人类社会的规律同样是大自然规律的一部分。人类社会遵循公平原则，这是人类遵循规律的表现。法律的出现就是一个写照。善有善报，恶有恶报的说法在中国流行了上千年，这些话是信佛的人讲的，由神来去报，实际上是由人代替神执行了。当今社会非常重视为善者，像雷锋、孔繁森、张海迪等人的精神、作为很快在社会上宏扬，受到社会每个人的尊重。而对作恶者，哪怕是一时得手，早晚会得到人们的制裁。社会宏扬每个人去创造，敌视不劳而获者，鼓励在不违背法律及道德的情况下去赚钱。但有些不违背法律的事情，很可能违背道德，在法律界得不到报应，在道德界同样是会得到报应的。我这里指的报应执行者不是神而是人。社会上的人越来越自觉执行公平的原则，执行公平的人是规律的化身，力量无穷。因此，人类是自然之神的一只手。

人与人是平等的

有人出身富贵，有人出身贫贱，这确实是外在的不平等，而人生的意义在于是否幸福，幸福并不取决于富贵和贫贱。美国前总统托马斯·杰斐逊说：“我们认为下述真理是不言而喻的：人人生而平等，造物主赋予他们若干不可让与的权利，包括生存权，自由权和追求幸福的权利。”每个人幸福的权利和机会是均等的，因此，人与人的平等是内在的平等。

有人出身富贵，有人出身贫贱，人与人是平等的吗？绝大多数人认为人与人是不平等的。人与人不平等只是表面现象，我们要从深层认识这一问题。一个人一生幸福与否，不能仅从表面看他是否富有，是否有权势。幸福与富贵并不是一回事，幸福与否只有他自己知道，别人只能看到表面。幸福是人的一种感觉，感觉是每个人都有的。富贵的人有忧愁、有烦恼，贫贱的人也有快乐。富贵的人从富贵变为贫贱是很难接受的。出身在十层楼的位置，如果下降到九层楼就会带来痛苦；出身在地下室，能来到地面上他就很知足了，因此，出身贫贱的人幸福的机会会更多，出身富贵的人痛苦的几率会更大。总体来讲每个人的幸福的机会是一样多的。穷人与富人是否幸福关键在于个人的感受，从这个角度讲，穷人与富人是平等的。

有的人生下来就是有先天残疾的，那么这些人与正常人是否也是平等的呢？我认为他们和健全人一样也是平等的。有人生下来就是盲人，他什么也看不见，美丽的风景、美丽的鲜花……一切美丽的画面他都看不见，怎么能说他和健全人一样是平等的呢？我还是用感觉论来理解这种现象。确实，世界上存在着美丽的风景、鲜花……,但也存在着丑陋、龌龊……，既然他天生就失明，因此他不理解世界上的颜色，他认为世界上本来无色。他并不认为没有色彩的日子是多么的难过，反而认为很正常。有许多失明的人整天拉着二胡悠闲自在，而且不用劳动，你能说他感觉不好吗？我们看到天生失明的人，觉得他们非常的不幸，那只是旁观者的感受，只要他自己感觉正常就行了。我这样看待残疾人，别人会认为我无同情心，其实不然，我也认为这些残疾人是非常可怜的，我很愿意为他们做些事。我是从认识论的角度来看待以上现象的。而从伦理道德角度来看，残疾人很值得社会的同情，弱势群体会得到更多的关爱和帮助，这是一种不平中的补偿，这也同样验证了“人与人是平等的”这种认识论。

所以，请千万不要为一时的不公而去抱怨社会，社会对每个人都是公平的，就像我在《怎么才幸福》一文中说的，每个人获得幸福的机会是均等的。如果你用仇恨去对待社会，你就会变成社会的可恨之人，如果你用爱去对待社会，你就会成为社会的可爱之人，你同样会成为幸福之人。

人的本性

古今中外对人性的研究颇多，仅中国的古代知名专家学者就有三种观点。一种观点是人性善，代表人物是孟子；另一种观点是人性恶，代表人物是荀子；再一种观点是人性无善也无恶，代表人物是告子。到底哪一种观点是正确的呢？

一、人与动物的区别

我首先讲一讲什么是人的本性。在说明人的本性之前要明确一个概念：什么是人。人是一种高级动物，既然是高级动物，他就具备动物的本能。人的各种生理结构与动物没有太大的区别：有一个头，两个耳，两只眼，一张嘴，四肢，等等。人的生理活动与动物也没有太大区别，他需吃食物、喝水、睡眠、生育，等等。人是高级动物，高级在哪里呢？人比动物具备更复杂的情感，就是我们常说的七情六欲中的七情，七情是指：喜、怒、哀、乐、爱、恶、欲。其实人所具备的感情远不止七种情感，人具备的情感还有：恐惧、烦躁、惆怅、忧虑，等等。其实动物也具备以上的情感，但没有人表现得突出，体验得更细腻。人比动物更高级之处，乃是人具备发达的大脑，即具备更高的智力。因此，人与动物的最大区别是人具备更高的智力即理性思维能力。有了理性思维之后，人可以用理性去控制和调节自己的情感。例如，人知道发怒会使血压增高，对身体极为不利，因此，人就想尽办法去控制自己少发怒。反过来，人的情感又左右理性思维的方向。例如，两个人打架，有一人发怒得厉害，举起凶器将对方杀死，明明知道自己这样做是不对的，但理智已经不能控制了。因此，人不是时时刻刻按照情感去行动，也不是时时刻刻按理智去行动。人永远也摆脱不了动物的一些本性，但与动物的本性也有很多的不同。以上是我对人的理解。

二、人没有绝对的善恶

我们明确了什么是人，也就基本上明确了什么是人的本性。你说是狮子的本性恶还是羊的本性恶？这要看从哪个方面去判断。如果自然界没有狮子，羊群大量繁殖，草将毁灭，可以把狮子看成是草的守护神。从这一点看，狮子是善的，但对羊来说，狮子是恶的。因此人性也不能简单地说善或恶。我们一般都会站在人类的角度去判断善与恶。如果某人对一些人构成侵害，可以判定某人是恶人；但这人又对另外一些人做了好事，对另外一些人来讲，某人又是善人。人具备多种情感，其中喜和爱的情感对他人是有益的，而怒、恶的情感对他人是有害的。同样一个人，他具备对别人有益和有害的多种情感，因此，人的本性中有善也有恶。有的人更好地压制住有害的情感，释放有益的情感，而有的人则正好相反，所以我们把前者习惯地称为善人，把后者称为恶人。因此，没有绝对的好人，也没有绝对的坏人。

三、人类文明和人类本性变化不同步

人类社会从奴隶社会开始到现在已有五千年的历史了，人类的文明越来越高，是不是我们可以自豪地说人的本性发生了很大的变化了呢？不是的。自人类的产生到现在已有几百万年的时间，在人类文明的五千年之中，人的情感和智力并没有发生太大的变化，也就是说人的本性并没有发生太大的变化。我们觉得奴隶社会是非常残酷的，奴隶主好像是没有人性的，好像现在这样的人已不复存在了，这就错了。现代社会中如法西斯分子，还有大量残害人类的不法分子，他们的所作所为与古代的恶人没什么不同。古代有恶人，现代也有恶人，现代有善人，古代也有善人。即便到了共产主义，也不可能没有违法人员，也不可能全国人民在同一天吃同样的食物、穿同样的衣服，总要有高低、好坏之分。

四、要顺应人的本性

自封建社会推行儒家文化和宗教文化以来，人们学会了控制自己有害情感和欲望的办法。特别是宗教文化中教人摆脱一切欲望，如不吃肉、不结婚等，让人摆脱动物的本性。这虽然给痛苦中的人们有些安慰，但确实是违背了人的本性，因此大多数的人还是不能接受这样的文化。人不可能放纵自己一切欲望和情感，否则就会给别人造成伤害，但人也用不着节制一切欲望。只要你的欲望不对别人造成伤害就行。因此，现在文明社会除了节制对他人有害的情感和欲望之外，应该给每个人释放情感和欲望的机会。例如：人有好赌的爱好，如果你真的去赌，将会倾家荡产，给家庭成员带来伤害。你可以在虚拟的游戏中去赌，过一把瘾，但不要把这种瘾带到现实中，你要有这种自控能力，否则就别玩这种游戏。人有体验刺激惊险的爱好，就可以玩类似枪战、冒险游戏，但也要有自控力，小孩不要玩这种游戏。我们不要把人的一切欲望看成是恶魔，否则人人都做苦行僧，生活还有什么意思。我们要正视人的一切欲望，去控制有害的，满足无害的，释放有益的欲望。

在封建社会，为了便于统治者的统治和管理，实行的是限制人们情感和欲望的文化。情感和欲望的释放确实给社会的管理带来麻烦，我们应该逐步释放，否则社会就会混乱。其实，现在的中国人不是情感和欲望释放少了，而是太多了，因此，出现了道德水准下降，犯罪率上升的现象。

上帝是否存在

如果上帝是支配我们行动的自然规律，上帝是存在的；如果上帝是宇宙或星云，上帝是存在的；如果上帝是外星人，上帝是可能存在的；如果上帝是像人一样的神，上帝是不可能存在的。大主教约翰·蒂洛森说："如果上帝没有必要为自己而存在，那么多半是有人为了人类的利益创造了他。"

基督教把人类社会的一切事情都看成是上帝的安排，认为人类也是由上帝创造的。有许多人信仰基督教，有了一种精神寄托，这是非常可以理解的。在两千年以前，人类认识世界的深度是有限的，人类无法解释世界上的许多现象，因此把自然规律看成是神的力量，这是一种形象化的表述，便于人们的理解，这与中国的宗教一样。

到现在为止，对宇宙世界我们仍有许多解不开的谜，诸如 UFO、百慕大现象，等等。科学家正在积极寻找外星人的存在，因而我们不得不重新讨论上帝是否存在这个话题。假如外星人真的存在，假如他们的智慧要远远超越人类的智慧，我们人类的起源及地球上的其他一切生物就极有可能与外星人有关或者说是外星人早就设计好的，这样的情况一旦得到证实，那么是否可以把外星人看成上帝呢？从这个角度讲"上帝"是存在的。到现在为止我们无科学依据否定外星人这个"上帝"的存在，也无科学依据证实这个"上帝"的存在。

我们的科学家把水和有机物的存在看成是外星人形成的基础。那么外星人是否就一定喝水、吃饭呢？难道外星人不能像机器人一样，他们不必吃饭、喝水，而是靠某种能量维持呢？他们的身体为什么就一定是有机物形成的呢？他们的个头一定像我们看到的生物体吗？我们一定能看得到、听得到才能证明他们的存在吗？

如果我们用传统的思维把外星人看成是有血有肉的生物体，我们的思维并没有超越两千年以前的耶稣，我们仍然把外星人描绘成像人一样的“上帝”。其实有许多例子证明了我们看不到外星人，看不到不代表不存在。我们可以把外星人——“上帝”看成是宇宙中某些星团，也可以看成是比电子还小的某些粒子团，也可以看成四维世界中像真空一样的“真空体”。也许外星人就长在我们的大脑中，也许会生活在我们的地球上，只是因为我们是处于三维的世界，他们在四维的世界，我们无法看到他们。用以上的思维方式去判断，外星人——“上帝”的存在可能性会更大。

物质世界与虚拟世界

物质世界的物质资源毕竟是有限的。人类可以用虚拟物质取代真实物质的功能，来满足人的六欲，甚至人的七情。这一领域的发展将给人带来无与伦比的快乐。物质世界的运行规律是不可以重复过去，而虚拟世界可以重新再来。

人类起源于物质世界，人类本身也是物质世界的一部分，因此，人类不能脱离物质世界。物质世界养育了人类，人类从物质世界取得自己所需的物质如：食物、衣物、住房，等等。人类通过自己的智慧将物质世界中的粗糙的物质加工成自己所喜欢的精细物质。物质世界给人类的各种感觉器官带来愉悦。人类的感觉器官有：眼、嘴、耳、鼻、舌、皮肤，它们就是我们常说的六欲器官，也正因为人类长有六欲器官，人类才感知到物质世界的丰富多彩，否则人类就感知不到世界的多样性。

计算机的出现，是人类的又一大发明，它将给人类生活带来历史性的变革。人类利用计算机开发出了另一虚拟世界。人类用计算机软件演绎出了真实世界中所不能实现的情境。这种虚拟世界与现实世界所实现的功能越来越相近。特别是三维立体图像的出现，与真实的物体难辨真假，这就首先从外观上代替了实物，满足了人眼的需求。电子声音与现实的声音也真假难辨，这满足了人的耳的需求。如果再发明电子味，就可以满足人鼻的需求。人类还可以发明带触觉的东西来满足人的触觉需求。总之，虚拟世界可以扮演现实世界的某些角色。现在为什么许许多多青少年迷恋于电子游戏？因为电子游戏可以让人实现现实世界中所不能实现的愿望，如你可以在电子游戏中驾驶飞机、飞船，甚至当一次指挥千军万马的统帅，你可以像孙悟空一样实现七十二变。虽然电子游戏是假的，但可以让人信以为真，像对待真实世界一样对待它。随着科技的进步，人们可以研究出像真人一样的虚拟人，“他”的外形和人一样，会说话，有皮肤，有触感，甚至出现虚拟妻子、虚拟丈夫、虚拟孩子、虚拟宠物、虚拟食物、虚拟衣服、虚拟房屋，等等。到那时，真实世界与虚拟世界将很难分辨，人类就会生活在真虚两个世界。

物质世界的物质资源毕竟是有限的。人类可以用虚拟物质取代真实物质的功能，来满足人的六欲，甚至人的七情。这一领域的发展将给人带来无与伦比的快乐。物质世界的运行规律是不可以重复过去，而虚拟世界可以重新再来。

我认为对于虚拟世界的建设，将是科技发展的一大方向，其影响力会超乎我们的想象。

第二部分

珍 惜 生 命

世上一切生物，既非孤立生存，亦非只为自身而生存。

——威廉·布莱克

生命既简单又复杂，既神秘又可以理解。生命之所以简单，是因为它由简单的原子组成；之所以复杂，是因为原子之间的排列组合非常复杂；之所以神秘，是因为我们对简单的原子为何能产生各种情感、意识感到困惑；之所以可以理解，是因为原子既有物性又有灵性，情感和意识是灵性积累后的现象，生命是多种物质运动规律的复合体，我把它称为“复合规律载体”。

人的生命价值（也即人生价值）取决于个人的感觉。在此理论基础上，我详细地阐明了“我是谁”、“什么是我的灵魂”、“我为谁活着”这些看似简单实则复杂的哲学问题。我得出的结论是：我中有他，他中有我，离开群体的独立的自我是没有幸福的，人只有在群体中与人同乐并爱他们，才能得到幸福。所有的生命都是相互联系的，我们不能蔑视某个人的生命，也不能蔑视某一类生物的生命，我们应该尊重每一个生命的存在，只有这样，我们自己的生命才能受到尊重。

我们是宇宙中的高级生物，这是大自然之神给予我们的福气，我们应该非常珍惜我们的生命，因为生命是快乐的。你自己的生命的价值完全掌握在你自己的手中。

生命究竟是什么

生命一词只是人类对一种神秘物体的定义。这种神秘物体与人类比较接近。其实这种神秘物体并不神秘，它是多种物质运动规律的复合体，我把它称为“复合规律载体”。生命也就是一种复合规律载体。

（应以超越哲学的观点与视角阅读和理解本文）

一、生命的起源

我们人类和地球上的所有动植物都是由菌类进化而来。当地球形成后，形成了海洋。海洋中的水和二氧化碳、氧气等形成了小分子的有机物，小分子的有机物通过化合形成大分子的有机物，大分子的有机物再相互化合形成了最初的生命体——菌类。菌类是单细胞生物，它可以繁殖。以后逐渐形成了动物和植物两大分支。地球上所有动物就是从菌类演化而成，包括我们人类。因此，地球上的所有生物都有一个共同的祖先——菌类。科学家通过对所有生物的 DNA 遗传基因密码分析得出结论：我们人类的基因甚至有一半是与植物的基因编码相同，我们和苍蝇的遗传基因编码大部分是相同的，我们和猩猩的基因编码 98% 是相同的。这一分析更加证明了地球上的所有生物都有一个共同的祖先的结论。这一点很难让大多数人相信。如果从宇宙的起源来看，所有的宏观物质都起源于氢原子，这样就很容易让人接受上述观点。

二、我们理解的生命是狭义的生命观

我们通常讲的生命是指水和有机物通过生化反应形成的具有细

胞结构，可以进行 DNA 复制繁殖，具有新陈代谢功能的有机物体。我们通常把动物、植物看做是有生命的物体，是不是只有动、植物才有生命，而其他的物质就没生命呢？那么世界上是否存在具有理性思维、具有一定行动能力就像机器人一样的物体呢？它不需要水，也不是有机物，它没有生、老、病、死这样的完整周期，那么它算不算有生命的物体呢？我认为这样的物体是存在的，它不是我们通常意义上的生命体，但是它可能比我们人类更聪明。我们不能简单地把水和有机物看成生命的唯一起源，否则生命的定义就太狭义了。

我们通常理解的高级生命体是具有各种器官，有情感，有思维，好像只有这样的生物才是世界的主宰，只有这样的生物才是人所研究和关注的神秘物体。如果仅是这样认为，那么人类就犯了一个大错误：目光短浅。其实人类的大脑思维和各种创新、创意都来源于大脑物质的最基本的运动，从客观规律来判断，人类的任何举动都是物质的规律所提前决定了的，只是人类并没有意识到这一点。人类的各种举动好像是一连串的偶然性举动，而这种偶然性是由必然性决定的。有果就有因，质变是量变的结果。我前面讲过量变是绝对的，质变是相对的。人类的各种创新（质变）是基于脑细胞运动（量变）的结果。因此人类并不是想做什么就做什么。“想做”的本身就是脑细胞的运动决定的，只不过人类太自高自大了，把“想做”看成是一种偶然出现的东西去看待，而忽视了“想做”是怎样产生的。因此，人类重视了“果”而忽视了“因”。

我的以上观点是不是说人类就像木偶一样，一切命运都被某种力量所控制，人类不就成了笨蛋了吗？不是的。如果人类认识到以上的一切，人类就会更聪明，就能想尽一切办法获得“想做”的机会。人类只能利用规律而不能改变自然规律，这一点已经是定论了。

我提出以上的观点，也是自然规律指使我提出的，因此，我希望人类能利用这一种规律。

三、广义的生命观

通过以上的举例，我在说明一个问题。生命一词只是人类对一种神秘物体的定义，这种神秘物体与人类比较接近。其实这种神秘物体并不神秘，它只是多种物质运动规律的复合体。这种复合体形成了某种概念，在这里我把这种概念称“复合规律载体”。生命也就是一种复合规律载体。因此，生命的概念就非常之大了。凡是有自然规律的载体都可以称之为生命物体。（这种观点是不是有点像佛教中的“万物有灵”呢？我不管它是否与佛教中的某种观点相同，首先我的出发点是自然科学，出发点是完全不同的。）生命物体有低级与高级之分。没有思维、没有行动的物体可以看成低级生命体，反之看成高级生命体。高级生命体并不是只是人类。它可能存在于宇宙之中，体积比银河系还要大，它也可能存在于原子之上，比电子、质子还小。

我们认为只有有机物和水才是生命的唯一起源，这种观点是否经得起科学论证呢？有机物无非就是C、H、O几种元素的组合，那么只有C、H、O几种元素才能形成生命吗？为什么其他元素就不能形成生命呢？科学界并没有证据论证除C、H、O几种元素外不可能形成生命。

我们可以看一下宇宙中各种天体的照片，它们的形状就像生物的机体一样，有各种器官的形状，谁说它就没有思维呢？只不过我们没法理解这种庞然大物的行动和思维，就像昆虫没法理解我们人类一样。也许它们的眼睛就是太阳系，它们声音是无线电波，它们的工作是把各种行星变成恒星，或把恒星变成行星，也许我们根本猜不到。我们更无法理解原子或电子上存在的生命，它们的生命也许只有亿分之一秒那么短，也许我们人类根本无法与它们交流。生命体可以由物质组成（有质量），也可以由能量组成（无质量）。对于无质量的能量生命体，我们人类依赖目前的科技水平是不能发现的。

如果有了这样的生命观，人类很快就能找到高级生命体，能够与它们进行交流。这就是人与“神”的交流，这样的“神”其实并不神秘。

无论人类在何时能够发现高级生命体，科学家都要有这样的自然观和生命观。这是人类认识世界的一次飞跃。

四、可能存在的多种生命形式

1. 物质形态的生命

目前我们已经承认的生命形态有四种：动物、植物、真菌、细菌，这四种生命形态都是由碳、氢、氧三种主要元素组成的。我们完全可以推断生命可以由更小的粒子构成，也可以由更大的粒子如星球构成，因此，可以从小到大排列生命的形态，如：质子级生命，电子级生命，原子级生命，分子级生命，细胞级生命，动植物生命，星系级生命，宇宙级生命。我们所见到的生命一般为固体的有形的生命，也可以存在液体的、气体的没有具体形状的生命。

我们往往认为我们的身体以及我们的所谓灵魂是一个不可分割的整体，实际上这是一种错误的认识。我们的身体是一个庞大的微生物群体，这些微生物就是细胞。我们的各个器官由不同的细胞群体组成，同一个器官也是由不同的细胞构成。各类不同的细胞分工合作，相互联系使我们的身体看起来像一个活的整体。我们的意识过程也是因为亿万个脑细胞相互之间进行磁、电交流以及各种化学反应的过程。脑细胞之间进行的这种交流就是我们的意识。因此，我们看起来像一个整体，实际并不是一个整体，而是多个微生物的组合体。那么，数量众多的动物群是否也可以构成一个更庞大的动物呢？我们的人类社会是不是一个大的生物体呢？我们人类社会有很强的分工，有国家首脑机关（相当于大脑），有电台电视台（相当于神经），有工人农民（相当于手脚），有人与人之间相互密切合作（相当于细胞之间的传递），有人与人之间的信息交流（相当于神经细胞之间的信息传递），这种现象与一个活的生物没有什么差别。人类的战争就是社会这个躯体长了脓疮，原子弹就是艾滋病病毒，罪犯就是变异了的细胞。

2. 非物质形态的生命

物质与能量之间可以相互转化，这一点已被科学界证明。既然有物质形态的生命，为什么不能有能量形态的生命呢？我们的科学还没有这么发达，目前为止还没有发现也无法发现能量形态的生命，但是，我们不能断然否定它的存在。宗教界信仰的鬼神以及灵魂很像能量形态的生命。鬼神之论一直是科学的大敌，但随着量子学的发展，将逐渐揭示非物质界的奥秘，也许有一天会给予鬼神之论一个更加科学的评价。我们可以把鬼神作为一个科幻内容，由将来的科学来验证鬼神之论到底是真理还是谬误。

灵魂并不神秘

每个人都知道“我”的存在，“我”是生命的核心，“我”的核心是灵魂，而灵魂到底是什么，到现在为止，没有一个令人信服的答案。我所发现的灵魂就像牛顿发现的万有引力一样，一定会让大家感到意外。

（应以超越哲学的观点与视角阅读和理解本文）

关于人的灵魂一词，已有几千年的历史，现代汉词典中是这样解释的：迷信的人认为（灵魂）是一种附在人躯体上作为主宰一切的一种非物质的东西。迷信的人还认为灵魂可以脱离人的肉体而独立存在，人死以后，灵魂可以升上天堂或者下地狱，或者重新托生。这种想法是与当今的科学相悖的，现代科学认为，意识不能脱离物质而独立存在。那么灵魂到底是什么呢？每个生命的存在都有不同的特征，你是张三，他是李四，每个人都知道“我”的存在，“我”是生命的核心，“我”的核心是灵魂，而灵魂到底是什么，到现在为止，没有一个令人信服的答案。如果能够找到灵魂的存在，将是人类认识世界的一大进步。

一、狭义的灵魂

1. 灵魂一点也不神秘

我经过几年时间的苦苦探索和思考，终于有所发现。看似非常神秘的东西，其实它并不神秘。它是什么呢？它是记忆。这可能出乎人的意料，因为记忆是大家非常熟悉的，每天都有的大脑活动，它怎么就是人的灵魂呢？这很难让人理解。是否太牵强了？其实这就像牛顿发现万有引力定律一样。大家每天都会看到苹果落地，但只有牛顿一人从中发现了万有引力定律。下面我来解释为什么记忆就是人的灵魂。

我首先提出一个问题，你知道自己叫什么名字吗？你会肯定地回答：我叫张某某或我叫李某某。我再问你："你凭什么说你就是张某某呢"？你会生气地说："我就是张某某，大家都知道"。如果你周围的人没有一个是你的熟人，他们不会为你作证你就是张某某，而且没有任何证据证明你就是张某某，你会想到什么？如果所有的人都说是你自己记错了，你就是李某某，你又会想到什么？你会想到你以前经历的事情，你会想到你小时候做过什么事，你的父母、兄弟姐妹是谁，你前几天都做过什么事。通过回忆，你会毫不犹豫地肯定你自己没有弄错，你就是张某某，你会肯定地认为你还是你。也就是说，你判断自己仍然正常地活着的证据是靠记忆获得的。如果一个人出了车祸，失去了所有的记忆，我们问他："你是谁?"他回答不出来。假设他叫王某某，如果周围的人告诉他：王某某已经死了，你的名字原来叫赵某某。他也会相信的。如果他的记忆永远不能恢复，他的新经历会成为新的记忆，他会记住自己的名字叫赵某某。他就像是一个新生的婴儿一样，开始了新的生活。虽然他的躯体没有变，但是他原来的灵魂没有了，又获得了新的灵魂。其实每个人是凭记忆来判断"我"依然是"我"的。每个人早晨睡醒以后，会自然地回想起以前的事情，凭以前的记忆来判断"我"的存在。每个人天天都在核对自己的身份，只不过习以为常不去把这件事当成一回事细细思考罢了。

2. 灵魂可以复制吗？

如果把人的躯体看做是一台电脑，那么灵魂就相当于电脑的软件程序。电脑的软件程序是可以复制的，从此是否可以推断出人的灵魂也是可以复制的？我的判断是可以复制的，虽然现代科学还没有达到这种技术要求，但人类已经向前迈出了一大步：大脑的移植已经取得了一定的成功。将张三的大脑移植到李四的大脑中，李四就变成了张三。其实不必把整个大脑移植过去，把带有记忆的部分大脑移植过去就可以了。按照这一理论，随着科学的发展，人们可以将大脑中的记忆复制到一个生物芯片之中，作为一种程序储存起来，这样，人的灵魂就可以永远保存下来，如果复制到另一个的头脑之中，原来的这个人就得到了“转世”。这似乎像科幻小说，但从科学的角度看这是一种可行的方案。如果只复制了部分记忆，也就是只留下了部分灵魂。

按照灵魂就是记忆这一理论（或称假设），你的记忆在你的父母、兄弟姐妹、子女、朋友之中也部分地存在，那么你的灵魂是否可以理解为存在于周围人之中呢？这又是一个新的课题，留待大家去研究吧。

现在宇宙中是否有聪明的外星人将人的记忆已经复制走了呢？如果真的是这样，人类对灵魂转世的理想也许会实现了。很大一部分人相信，人可以转世，这是人们怕死的结果。人希望灵魂不灭，也是人类的一种理想，也许这种理想在不久的将来会变成现实。

二、广义的灵魂

以上我讲的灵魂，实际上是属于人的思维范畴，我们可以把它称为狭义的灵魂。但是，人不仅仅具有思维还具有感觉。应该说，我们的思维（含记忆）和感觉的总和就是我们人类生命的全部意义，因此，我把思维和感觉作为广义的灵魂概念。我们一般都把灵魂一词与鬼魂等同，而鬼魂究竟是什么东西，每个人的理解千差万别。有的人认为，鬼魂同我们活人是一样的，有思维、有感觉，只不过没有看得见摸得着的身体。而有的人认为，鬼魂既然没有肉体，它就没有感觉，只有思维的存在。显而易见，一部分人的灵魂概念是狭义的，而另一部分人的灵魂概念是广义的。

我们通常所说的鬼魂并没有被科学所证实，没有被实践验证的东西，只能是猜测或幻想。我个人分析，这种幻想没有什么科学的成分，把它称作谬误当然也为时过早。

在早期的佛教中，并没有把灵魂称作鬼魂，而是称作心识。这种心识，我们可以理解为生命的种子，也可以理解为灵性。在后期的佛教如藏传佛教中，才把心识与鬼魂等同，把心识看成了有记忆有感觉的鬼魂了。我认为，早期佛教中的心识有较多的科学成分。我们知道，在宇宙中有大量的暗能量、暗物质存在，现在的科学手段并不能了解它到底是什么。有许多的著名科学家存在着一个共同的迷惑，这就是为什么会形成如此完美的生命？我们的意识到底是怎么产生的？难道是随机出现的吗？著名科学家爱因斯坦说："世界上最不可思议的事情是这个世界是可以被我们人类理解的。"如果把这个疑问与暗能量、暗物质联系起来的话，我们就会发现，生命的产生也许与暗能量、暗物质紧密相关。如果生物死亡之后，这种暗能量、暗物质仍然存在，我们就可以把它称作心识或灵性。如果这样去分析的话，我们的灵魂带有记忆和感觉的可能性是很小的。因为心识或灵性是零散的，它不是完整的记忆或感觉。

因此，我们大家通常理解的灵魂（鬼魂）存在的可能性是很小的。如果灵魂存在的话，它并不是我们通常所想象的带有记忆和感觉的鬼魂，它的存在形式我们现在也很难想象出来。

“我”是谁

牛顿说：“简单的事情考虑得很复杂，可以发现新领域，把复杂的现象看得很简单，可以发现新规律。”

“我”是谁？这是一个看似极其简单的问题，我们绝大多数人都自认为很明白，其实都是错误的。“我”看似始终存在，实则时有时无；看似具体，实则抽象；看似边界清晰，实则模糊。最终结论是：“我”和“你”的区别仅仅是坐标（记忆）的不同。

（应以超越哲学的观点与视角阅读和理解本文）

在什么是灵魂一文中，已经讲明，“我”的灵魂（狭义的）是记忆。有了记忆就把我、你、他分开了。但灵魂（狭义的）——记忆并不是“我”的全部。“我”的全部应是记忆和感觉（按心理学定义应是知觉）的组合体。感觉是时时刻刻跟随着“我”的。但记忆并不是时时刻刻跟随着“我”。人可以不要记忆，但不可不要感觉。人若只有记忆，没有感觉，就等于人成了只会思考的植物人。其实人并非时时都想着以前的事情，因此，人在大多数时候是失去记忆的。因此，“我”的最重要部分是感觉并不是记忆。

“我”是由记忆和感觉两部分构成。记忆是“我”的标志。没有记忆，“我”就不知道自己是谁。仅有记忆而没有感觉，那“我”就成了一个灵魂（狭义的）或是一个仅有思维的植物人。仅有感觉的“我”，实际上“我”是不存在的。因此，记忆是小我，是“我”的核，感觉是大我，是一个没有“我”的“我”。也可以这样说：记忆制造了“我”，而感觉则不是“我”的专利，而是人类共有的。

小我就是一种记忆，是一种信息符号，是虚的，大我是感觉，是实实在在的主体。一个人若失去记忆，对“我”来说，这就是“我”的死亡。但感觉不仅“我”有，对所有的人来说都有，且都相同。因此，大我并不是“自我”，而是所有的人类。下面举一个例子，来说明这一论点。如果把一个“你”复制成两个“你”，一个“你”在家里跟妻子在一起，另一个“你”在工作单位上班，两个“你”完全一样，记忆相同，长相相同，一切均相同。在工作单位的“你”肯定不会承认坐在家里的“你”，在家里的“你”也不会承认在工作单位的“你”，两个“你”互相都不会承认对方，其实两个确确实实都是“你”。就像我们照镜子，你知道镜子里的你是假的，假如镜子里的你确实是另外的一个你，你也不会承认那就是你。通过这个例子，我们得出结论，只能承认一个“我”，不会承认有两个“我”的存在，这就证明了，即使有两个“我”存在，“我”也只承认一个“我”。

在现实生活中，你和我对同一物质的感觉是相同的。例如：你吃糖后的感觉是甜的，我吃糖后感觉也是甜的，你看到的大海是蓝色的，我看到大海感觉它的色彩也是蓝的，你在夏天感觉空气是炎热的，我也有同样的感觉，你对生死离别感到痛苦，我也有同样的感觉。这些例子说明，你就是镜子里的那个我，你就是那个我不愿意承认的第二个我。如果我们两个人都失去了记忆，我和你并没有什么区别，只是我们两个人谁也不愿意承认对方就是自己。因此可以得出一个结论：地球上所有的人类是一个大我，只是因为记忆的不同，把你、我、他分开了。这个记忆就像一个三维坐标仪，你的记忆坐标是（3，2，1），我的坐标是（1，2，3），因此，把一个大我分成了两个我。如果坐标相同，那么我和你就是同一个人，如果坐标仪坏了，没有了记忆，我和你的界限也就分不清了。

我们人类的每个人就像是大海中的一个个浪花，像是夜里一个个闪亮的灯泡，像阴雨天一道道的闪电，人与人之间没有什么本质不同，仅仅是因为坐标不同，角度不同，才把你、我、他区分开来。我们的人类本来就是一个“我”。因此，不要把自我看得多么神秘和神圣不可侵犯。自我的核心是记忆，其实记忆是经常消失的，就是说自我是经常消失的，只有大我才长期存在，只不过我们非常难以承认这个事实。如果每个人就能承认这个事实，就会把对待别人像对待自己一样，人类社会就会非常和谐。

我们人类觉得非常聪明，总是自以为是，总是觉得自己的感觉是对的，其实人类有许多看法是错误的，这一点将在以后文章中阐述。

“我”为谁活着

俗话说：人不为己天诛地灭。难道说，人还有为别人活着的道理？我的观点是：人是为幸福而活着，而幸福是好感觉，感觉的主导核心是爱，而爱的对象中包含他人，由此推理出：人既为自己活着也为别人活着。

如果一个人只为自己而活着，那他就不是一个正常人。因为他没有爱，所以他是一个违背人的天性的人，应该把他划为白痴的行列。

（应以超越哲学的观点与视角阅读和理解本文）

一、人只为自己活着吗？

在《我是谁》一文中已阐明，“我”的核心是记忆，“我”的全部就是由记忆和感觉构成。感觉是全人类共有的，全人类就是一个大“我”。这是从理性的角度推理出的一个结论。因此“我”为谁而活这个答案已经得出，我为“我”而活，后面的这个“我”显然不是我一个人，而是包括了我个人在内的全人类，这也是从理性推理中得出的一个结论。有人会说：这个推论是荒谬的，人都是为自己而活，不可能为别人活着。我的观点是：人为自己而活这个回答不是完全错误的，而不为别人活着这句话是错的。人既为自己活着也为别人活着，这句话才全对。为什么是这样呢？你可以随便举例子，世界上除呆傻人之外，你找不到任何一个人是为自己活着，而不是为他人活着的人。下面我来阐述为什么是这样的。

二、人活着是为了感觉

每个人都是生活在感觉的世界里，人失去感觉，活着就没有意义，活着也是为了得到好的感觉。“对人活着为啥”这个问题可能有许多答案：人活着为了挣钱，人活着为了幸福，人活着为了实现理想，人活着为了家庭，人活着为了荣誉，人活着为了实现自身价值，等等。如果对以上这些答案进一步追问：挣钱为啥？幸福是什么？实现理想的目的是什么？家庭好坏和你有什么关系？荣誉和你是什么关系？实现自身价值对你会怎么样？这样一直追问下去，就会得到一个统一的答案：一切行为都是为了得到好的感觉。因此人活着是为了感觉。下面我要谈一谈感觉到底又包括哪些内容。

三、感觉的核心是爱

我这里讲的感觉实际上是指人对客观世界及自身的全部反映，它包括了知觉、理性以及人的七情六欲。在人的所有情感中，爱这一情感具有非常重要的地位。这一情感把爱的对象分成了三类：第一类是所爱的，第二类是无情感的，第三类是憎恨的。只要不是呆傻之人，都有爱这一情感，只要有了爱这一情感，所爱的对象就不是他自己一个人，否则这个人就是一个傻子。因为爱是对自己以外的人或物产生的情感（为了概念的准确，我把对自己的爱称为自恋，后面所说的爱均不是对自己），不对外界的人或物产生感情，就没有爱这一情感，在七情六欲之中缺少爱这一情感的人就不是正常人，其实就是白痴。因此，正常人都有自己所爱的人和物。

每个正常人都有爱，爱这一情感实际上是一种无我的情感，在爱的情感发生时，实际上是忘掉了自我存在。如爱出现时，你的一切目的和行为都在为爱的对象服务。如当你和千里之外的父母团聚后再行告别时，你看到慢慢远去的父母身影，你会依依不舍；当你从千里之外回到家，几岁大的孩子对你喊着爸爸时，你会高兴得热泪盈眶，这都是爱这一情感的表现。你会为你所爱的人去奋斗、去拼搏，此时的你不会想到自己如何如何。如，有歹徒杀害了某人的妻子儿女，如果这个人看到了这一切，他会毫不犹豫地上前去拼命，这时的他会想到自己如何如何吗？在战争年代为保卫家乡而英勇牺牲的英雄们都是为爱去死，为他们所爱的对象去死。

人可以为爱去拼搏、奋斗甚至是为爱去死，可见爱这一情感的地位是多么重要。因此，爱是超越自我，大于自我的。从而推理出：爱是“我”的一部分，同时又大于“我”。爱这一情感是人所有感觉的核心或者说是领袖，一切情感都在为爱去服务，爱可以支配人的一切情感。如你在与家人一起吃饭时，如果你们吃的是一道从未吃过的好菜，这时你首先想到的是你最爱的人，你会先给你最疼爱的孩子夹菜或给你的父母夹菜。这就是说你的爱这一情感占据了你的七情六欲的最高点，而食欲成了爱这一情感的奴隶。这仅是一件平常的事，其实生活中，所有快乐的事你都会和所爱的人一起去分享，所有痛苦的事你都会尽量不让你所爱的人去分担，由你自己承受。因此，与其说人是为感觉活着，不如说人是为爱而活着，为所爱的对象而活着。

四、爱是人格成熟的象征

爱的情感是人的一种天性，是与生俱来的情感，同时它又是后天培养的情感。人刚出生时，他所爱的对象开始只有自己的母亲。母亲离开婴儿，换另一个人来抱，他就会哭，母亲再回来抱时，他就会笑，可见婴儿爱自己的母亲。随着孩子慢慢长大，小孩会爱自己的父亲，以后又会爱自己的兄弟姐妹。当小孩长大成人后，会接触到老师、同学、朋友以致社会上的许许多多人，他会慢慢地喜欢周围的许多人。可见一个人的爱是在后天慢慢扩大的，所爱的范围也在不断扩大。这样的一个过程实际上是一个人的人格在慢慢成熟的过程。因此，一个人爱的对象越广，爱得越强烈，就说明这个人的人格越成熟。爱是感觉的领袖，爱的对象越广大，“我”的范围就越大，从而人的生命的意义也就越大。

佛教的修炼的目的是使人成佛，成佛就是忘掉自我，爱所有的众生，甚至爱世界上的一切，与世界融为一体不分彼此。我个人理解这就是佛教所追求的最完美的人格。可见，佛教的教义有很深的科学道理。爱的对象广了，自我就变得渺小了，甚至可以忽略自我，生命的意义也就大了。

如果一个人是为自己而活着，那他就不是一个正常人。因为他没有爱，所以他是一个违背人的天性的人，应该把他划为白痴的行列。如果你有“只为自己活着”的想法，请尽快打消这个念头，因为你根本做不到，如果你这样执意去做，你就会变成一个疯子，然后成为一个傻子，因为这样做是违背人性的，违背人性就是与自然规律对抗。

假我、真我、真真我

我们通常意义上讲的这个“我”是无常、虚幻和不实的，因此他是一个假我。“我”是宇宙中的一小部分，与整个宇宙也是一体的，“我”这个个体只是宇宙的一个细胞，因此，宇宙才是一个真正的大我，永恒的大我。

（应以超越哲学的观点与视角阅读和理解本文）

在《灵魂并不神秘》以及《“我”是谁》一文中已阐明“我”的灵魂（狭义的）是一种记忆，我的核心也是一种记忆。记忆是物质运动的轨迹。物质运动轨迹记录也不是“我”专有的，它可以和家人某段记录相同，也可以和朋友甚至不认识的人有某段相同的记录。记忆随着时间的推移，随着年龄的增长也在逐渐淡化以至消失。因此“我”的灵魂（狭义的）实际上是无常、虚幻、不实的。因此“我”也是无常和虚幻的、不实的。按照佛教讲的，“我”是由因缘和合而成，根本就没有一个实质的“我”存在。就比如一栋房子，是由土、木、石、砖、瓦等材料构成，土、木等任何一种材料都不是房子，但是离开土、木这些材料房子也就不存在了。因此房子是由土、木、砖、瓦等材料这些因加上工人的劳动这些缘就形成了房子这个果。人的生命形成也是这样，它是由水、碳，氮、氧、氢、钙、铁、磷等这些元素因加上父母的结合这个缘，再加上地球上有各种使人体长大的食物这些缘才形成了人类的生命。生命形成之后又出现了新的缘，即人体又出现了受、想、形、识这四个蕴（缘），从而有了“我”（果）。因此“我”是无常、虚幻和不实的。

我们通常意义上讲的这个“我”，既然它无常、虚幻和不实，因此它是一个假我。这个“我”，我们都以为他是实在的自己，是与别人区别的标志，因此也可以称之为小我。那么到底谁或者什么才是真正的“我”或者永恒不变的“我”呢？佛教讲：佛才是真正的永恒的真我。佛教又讲：人的先天本性就是佛性。怎么理解佛性呢？我们对客观世界的认识往往只看到它的表象，误把这些表象看成它的本质。其实世界的本质是非常简单的⊕⊖二元素，这与佛教讲的物质的本性是空性相类似。佛性是物质的本质特性，不是我们人类的感官所能感觉到的，只能是由思维推理达到。宇宙世界中任何的物质其本性是相同的，也就是说任何物质的佛性是相同的。我在《世界二元素》一文中说任何物质是有物性同时又具有灵性，物性和灵性两者不可分割，也就是说⊕和⊖同时存在，不可分割。任何物质的相似相通的灵性就是佛性。宇宙中的所有物质其灵性都是相似相通的，是通贯在一起的，这个大宇宙看似分离，实则为一体。“我”是宇宙中的一小部分，与整个宇宙也是一体的，“我”这个个体是宇宙的一个细胞，因此，宇宙才是一个真正的大我，永恒的大我，这个“我”可以称之为“真真我”或“大大我”。

有了“大大我”这样一个概念，我们就可以把任何物质看成与“我”是同等地位的，如一棵草、一块石头，一堆泥土它们与“我”是一个大大我，因此，我们的生命就获得了永恒，我们就不再生死轮回。

在《“我”是谁》一文中我已经阐明了，我们的整个人类社会就是一个大我，这个“大我”也可以称之为真我。因此，“我”、人类社会、宇宙万物这三者我们可以称之为“假我（小我）”、“真我（大我）”“真真我（大大我）”。

超越生死

可怕的不是死亡或痛苦，而是对死亡或痛苦的恐惧。

——埃皮克提图

战胜对死亡的恐惧才能真正享受生命。

——G·梅瑞蒂斯

我们对死亡恐惧的主要原因是没有真正理解生死。因此，要想彻底战胜对死亡的恐惧，就要深刻地理解生死。

（应以超越哲学的观点与视角阅读和理解本文）

一、重新理解生死

孔子说："未知生，焉知死？"我首先从出生谈起。人由受精的卵细胞逐渐分裂、形成胚胎，再进一步长大形成胎儿后出生。这个过程是一个感觉形成的过程，也是一个感觉增加的过程。我认为单细胞生物并不是没有感觉，只是感觉的内容少，或者说感觉的强度小。细胞增加后，感觉的内容加大，感觉的强度加大。胚胎在形成脑组织后，开始形成记忆，随着胚胎活动的增加，胚胎的记忆开始增多。大量的记忆是在出生之后，人的实践活动大量增加，从而使大脑的记忆内容大大增加。人的生命本质由两个要素构成——感觉和记忆。人的生就是感觉和记忆由小到大的、由弱到强的过程。我们和动物之间在生命的本质上没有区别，动物也有感觉和记忆，只是大小不同、强弱不同而已。

有了生的概念，我们就容易理解死的概念。人的死亡，就是人的感觉和记忆从大到小，从强到弱的过程。人在逐渐进入衰老的过程中，人的记忆在不断减退，人的感觉也由强变弱。如老年人吃同样的东西不如年轻人感觉香，老年人对一些悲喜事件的感觉不像年轻人那样反应强烈，因此，老年人的生命的意义在变小，在回到幼儿阶段。人在生命垂危阶段，记忆几乎丧失，感觉也几乎丧失。这就像秋天的树叶一样，叶子的水分没有了，很快就会自然凋谢。

我们几乎每个人都为死亡感到恐惧和惋惜，即便是活到 90 岁，我们还想活到 100 岁，活到 100 岁，我们还想活到 110 岁。人到了那个年龄，人的感觉和记忆与年轻的时候比，会非常弱，也许多活 10 年不如年轻时的 1 年。

因此，人的生与死是一个非常自然的过程，生的意义在于感觉和记忆，如果人的感觉和记忆在不知不觉中悄悄地失去了，那么生命的意义也就不存在了，即便是保留一个很好看的身体，甚至是一个很健壮的身体，也没有意义了。我们不要只看到身体的外表，身体本身不是生命的意义，只有感觉和记忆才是生命的意义。

人的生，就是物质的集聚过程，人从单细胞的受精卵逐渐分化，形成多细胞的过程，就是物质的集聚过程，这些物质带来了更多的感觉和记忆，人的死亡是物质的分解过程，人的尸体在空气中分解还原到了原始状态，即把感觉和记忆分解在空气中。人的精神是感觉和记忆，人的死亡过程是人的整体精神分解为“灵”性的过程，人的精神粉碎了但并没有消失为零，而是转化成了“灵”性。

二、人的死亡并非空无

任何物质都有“灵”性，这些灵性以各种各样的形态存在于物质之中。若物质运动形态改变，物质的“灵”性表现的状态就有所不同。如一块大石头，它的“灵”性凝聚在石头的分子之中，石头的分子运动是非常缓慢的，因此它的灵性表现非常缓慢。如果让这块大石头放入熔炉之中熔化，或者让大石头与某些化学物质发生反应，那么它的灵性表现就活跃起来，如它会发出声音，颜色发生改变，会释放红外线，等等。

C、H、O 三种元素它们的分子在地球上非常不稳定，容易和多种物质发生化学反应，因此这三种物质的“灵”性表现异常活跃。

我们人类的生命的核心就是感觉和记忆。我们人类所有的表现和反应都是物质本身的表现和反应，因为人是物质的。我们的感觉就是物质的感觉，我们的记忆就是物质运动的轨迹，单个化学元素的灵性我们很难发现和理解，如果把很多化学元素按照一定的规律组合后，我们就能发现它的灵性。我们的人体就实现了这一功能。但不能说因为有了身体这个组合体，物质的灵性才出现，而应说物质的灵性本身就存在，经过身体组合后我们看得更加清楚了。我们的身体就像一台电视机，打开电视机我们看到了电视屏幕上的电视节目，但绝不是因为有了电视机，才有了电视节目，电视节目是在电视台播放的，是存在在先的，只不过我们看不到，通过电视机这个装置我们看到了。电视机是我们的身体，电视节目才是我们的灵魂。因此，人的死亡，就是电视机的销毁，但是电视台正在播放的电视节目是存在的。

人类是非常自私和可怜的，人类只看重“我”，一切从“我”出发去看问题和做事情。绝大多数人都不知道谁是“我”，“我”又是谁。我把“感觉和记忆”作为“我”的内在本质，其实“我”的外在本源是物质。“我”的作用只是一面镜子，把物质的本性影射出来，“我”的作用也可以说是一个屏幕，把物质的本性显现出来。“真我”是物质。“我”是可以死亡的，但“真我”是不会死亡的。“我”的内在本质是“感觉和记忆”，“真我”的内在本质是“灵性”。

因此，人死亡之后，“真我”和灵性是不会消失的，人类没有必要因自然死亡而恐惧。自私的人特别看重“我”，对“我”的死亡就会特别的恐惧。自私是小我的表现形式，也是自恋的另一种表现形式，是一切痛苦或恐惧的根源。人只要认清大我，对万物博爱，就可以摆脱痛苦和恐惧。

二、需重新评估灵魂的价值

我们每个人都惧怕死亡，希望生命可以一直延续长生不老。而且绝大多数的人特别是宗教信徒们相信灵魂可以不死，可以独立于我们的肉体而存在。这些人把灵魂作为一种寄托是可以理解的，原因是他们对灵魂的本质没有看透。我在《灵魂并不神秘》一文中，已经阐明，灵魂（狭义的）是一种记忆——数字与图像的记忆、情感的记忆以及思维方式的记忆。人的死亡过程也就是丢失记忆的过程，这个过程和一个人出车祸失去记忆的过程是一致的。那么有人会说：出车祸的人并没有死啊？怎么说是一回事呢？这就是认识的错误了。一个完整的人必须具有两个要素：一个是感觉，一个是记忆（也就是俗话说的灵魂），记忆是人的内核，而感觉是人的（内在）主体。若一个人出了车祸，他失去的也许是记忆，也许是感觉，失去记忆的是失忆症患者，而失去感觉的是植物人。如果你是这个人，而且只能选择其一，你会选择失去记忆还是选择失去感觉呢？我想你一定会选择失去记忆，这样你会觉得生活质量会高一些。也就是说你宁愿选择失去灵魂，而不愿失去感觉。当你失去记忆以后，你根本不认识周围的一切甚至你自己的身体也不认识。这和一个人的再生又有什么不同呢？

通过以上分析，灵魂对于我们的意义并不是我们认为的那么重要，比灵魂更重要的是感觉。而感觉又不是“我”所独自拥有的专利，它是我们每个人共同拥有的。感觉是灵性的复合体，它只有聚散没有消灭。人死之后，如果灵魂没有被克隆的话，它是消灭的，而灵性是不会消灭的。因此，人死之后价值大的部分（感觉）并没有灭失，价值小的部分（灵魂）是灭失的。这就是我对灵魂价值的评估结论。

四、要乐生但不要怕死

大自然和父母创造了我们，这是我们的福气，我们应该非常珍惜我们的生命，因为生命是快乐的。有的人会觉得自己活着不快乐，是因为这个人现在正处于情感的低谷，每个人都有情感的高峰和低谷，低谷越深越长，那么高峰就会越高越大，因为每个人的幸福的机会是平等的（这一点在《人与人是平等的》一文中有详细阐述）。人的生命价值（幸福感）是由爱心、理想（爱好）、性格、健康状况等决定的，你的幸福感掌握在你自己的手中。你完全可以调节自己获得很高的幸福感。

现在有很多年轻人去自杀，原因是对生活和事业的绝望。其实，出现这样的悲剧，完全是由于认识的错误。他们认为自己的生命的价值完全受控在外界或别人的手中，而不是掌握在自己的手中。他们没有认清生命的价值到底是什么，个人的生命价值是由什么决定的，他们没有去认真地思考这些问题。自杀也是很不道德的，首先对不起生他养他的父母，其次是对不起教育、培养他的国家。可以说，自杀的人简直是愚蠢透顶。

我们必须承认，人的死亡是一个悲哀的过程，但当一个人得了绝症或者极度衰老面临死亡的时候，一定要正确面对，只有这样才能缓解心理上的压力，从而增加对疾病的抵抗能力，反而活的时间更长。哲学家罗素说：“克服死亡恐惧的最佳方法是逐渐扩大你的兴趣，从个人局限中超脱出来，直到自我的壁垒慢慢消失，逐步将个人的生命与万物的生命融为一体。”

人是否可以转世

从古至今有多少人都想灵魂不死、转世投胎啊！难道真的能转世吗？我认为，是否能转世要看对转世概念的理解。自我由两部分构成，一部分是记忆，一部分是感觉。感觉可以全部传承，记忆可以部分传承。从这个角度看，人是可以转世的。随着科学的发展，转世一定会实现的。

（应以超越哲学的观点与视角阅读和理解本文）

在看过《我是谁》一文后，对人是否可以转世的探讨即可迎刃而解。所谓的转世就是自我能否在死后一直延续的问题。自我由两部分构成，一部分是记忆，一部分是感觉。感觉无可非议地会传下去，因为“我”吃糖感觉是甜的，吃醋感觉是酸的，对生离死别的感觉是痛苦的，这种感觉其实每个人都一样，当然，每个人的后代的感觉也相同，这种感觉人类可以代代相传。再有就是记忆部分了，如果记忆能继承，这就是全部意义的转世了。我们每个人的记忆都是独特时间、独特地点的记忆，这些记忆到现在还没有发现有两个人完全相同的。这种记忆可以有部分的相同。例如你和你的孩子在同一个地方玩，你会记得周边的景色有高山，有流水的小河，河中有条船，你的孩子也会记得同样的场景，因此，这部分的记忆你和你的孩子是相同的。你和你的同事一起工作，在一起处理了同样的问题，那么这部分的记忆你和你的同事是相同的。

因此，你的部分记忆是可以传承的。假如你每时每刻都拿着一台摄像机，时刻都在录像，那么你所到过的场景都会全部地记录下来，也就是说你所看到、听到的一切都可以记录下来保存，因此，这些记忆可以很好地继承下去。但无论如何到目前为止，不可能将你所有的记忆都传承下来。也就是说不可能全部的记忆转世，只是部分的转世。除非科技发达之后，将人脑中的信息存到生物芯片中，再植入到其他人的脑中，或者将大脑的记忆部分切除后移植到别人的大脑中，这种记忆即可完全传承，实现全部的转世。

如果按照我们通常所理解的转世概念，一个人的记忆可以完全转到另外一个人的大脑中，从古到今人类已有几十万年的历史，几万代的人，如果都能代代相传，在一个人的头脑中要有几万代的信息，可以想象一下，这样的信息量会有多大？这是不可能的。

从古至今有多少人想要转世啊！这是可以理解的。但绝大多数人对转世的具体内容不理解，认为有一个独立存在的灵魂，那样的独立灵魂是不可能存在的。而现实存在的真正灵魂包含两个部分：记忆和感觉。记忆是可以部分转世的，感觉是可以全部转世的。

在《超越生死》一篇文章中，我已经说明生是物质灵性的积聚，死是物质灵性的分散。不论生与死，物质的灵性是存在的。我有一篇文章，说明了量变是绝对的，质变是相对的，人的生与死都是物质的灵性量变的过程，生与死的质变只是人类给予它的一个质变概念，可以理解为：生与死的过程只是一个量变的过程（这是超微观粒子观）。从这个观点出发，我认为人死后不存在我们通常所认为的（宗教式的）转世，转世只是人类想长生不老的愿望，这个愿望是可以理解的。

第三部分

提升自己

在我们弄清了世界、生命和“我”之后，下一步是确定自己的目标和行动以及如何完善自己。我们当中的许多人把金钱、财富、地位当成是幸福的代名词，当成人生追求的终极目标，这是完全错误的。幸福与否主要不取决于外界，而是取决于自身的感觉。不论一个人的目标和行动是什么，最终只有一个终极目的，那就是获得幸福的感觉。

因此，我们的工作、学习、生活等一切行动的终极目的都应该是获得幸福的感觉，而不是为了外在的什么。金钱、财富、地位充其量只是获得幸福的一种工具，而获得幸福的工具是有很多种的。明白这个道理，是提高自己修养的前提。

提升自己，就是使自己的思想得以升华，战胜自己、驾驭自己、塑造自己、超越自己。华生说：“人格乃是我们所有的各种习惯系统的最后产物。”托马斯·哈代说：“批评一个人的人格好坏，不但得看这个人已经作过的事，还得看他的目的和冲动；好坏的真正依据，不是已成事实的行为，却是未成事实的意向。”

对钱的看法

金钱可以是很多事物的外壳，却不是核心。金钱能带来食物，却无法带来食欲；能带来药物，却无法带来健康；能带来熟人，却无法带来友谊；能带来仆人，却无法带来忠心；能带来享受，却无法带来安宁与幸福。

——易卜生

如果我们能支配我们的财富，我们就会变得富裕而自由；如财富支配了我们，我们就会变得贫穷。

——E·伯克

对钱的看法，古今中外各有管见，千差万别。有人说：有钱不一定什么东西都能买，但没有钱却什么也买不了；也有人说：有了钱什么都有了，有钱就幸福；还有人说：有钱可使鬼推磨。甚至有的人为了钱，把生命置之度外。钱的故事，真是太多了！在这里，我只谈一谈我个人的看法。

一、钱是福是祸又是水

钱，用唯物主义的观点来看，它是一种物质，可以用金银来表现，同时它代表的也是一种固化了的劳动（使用价值或价值）。人们用简单劳动来获得钱，钱就代表了个人的劳动量大小。钱也可以在商品价值的交换中取得，也就是说用较低的商品价值加上少量的劳动来换取更大的价值。后者就很难说，它代表的是个人的劳动量。还有第三种途径，那就是通过非法手段得到钱，那么它代表的不是个人的劳动量，而是罪恶。钱本身应是一个中性名词，它是一种物质，是固化了的劳动。故钱的取得途径和使用方式很关键。钱的神秘性不在于它本身，而是后者。钱虽然可以满足一定的欲望，但也可能带来祸根、罪恶。

我个人对钱的理解不仅限于此。既然钱是一种物质，有量的概念，而且现在的钱大多是用纸币，是一种不稳定的物质，那么，我就把它比作水。你拥有很多的钱，就说明你拥有很多的水，如果你没有保护措施，时间长了，即便你根本没有动它，它也会变得干枯。钱会在不知不觉中减少，直到消失。我们在现实中会看到很多这样的例子。如：从古到今，纸币都会贬值的，如果快的话，在三年之内可使你的钱变为原值的十分之一，甚至百分之一，如当今的俄罗斯。

钱，是会像水一样流失的。钱很容易丢失，被人偷盗以及发生各种情况的流失。钱，大多数的人是用它来进行各种经营活动。这样一来，就像把小湖和大海用一条河连起来一样。小湖的水是增多，还是减少，很难下结论。很有可能你自己的小湖里的水一下子就会流入大海，变得一无所有。

从以上例子来看，有钱是短暂的。也许有的人说，既然纸币那么容易贬值，那就都换成金银存起来多好，就不用担心贬值了。像这样的事，封建社会中的土财主有不少这样干的，现在可能见不到了。也许，现在这样干会更危险。

二、钱和幸福不成正比

有了钱，是不是就幸福呢？什么事情都要一分为二地看。钱，确实能买到很多东西，让人得到物质上的满足。但人是高级动物，人的精神需要在某些方面比物质需要更重要，钱是买不到精神需要的。满足了物质的需求之后，确实能给精神需求间接地带来影响，但二者不能直接代替。有了钱，可以换来一定的精神需要。比如，有人想看电影高兴一下，这像是精神需要，用钱买票便可以得到这一需要。好像是用钱可以买精神需要。实际上，一个很不高兴的人，若想通过看电影这一途径来获得高兴的做法，也许是错误的选择。因为电影中的情节可能更加刺激此人的神经，使之更加苦闷。我的观点是：钱是物质范畴的东西，而精神则是意识范畴的东西，二者有质的区别，不可能有等价交换的标准和尺度，也根本不可能交换。那么，有人说，物质决定意识，有了钱就可以买好房子、好车，精神自然就会好了，这难道不对吗？这话听起来绝没有错，这是大多数人的愿望和想法。但当一个人真的拥有了好房子和好车后，他能高兴多少天？人的物质需求应该说是有限的，可以量化，而人的精神需求则是无限的，无法量化，这本身就是一对矛盾。例如希特勒想霸占整个地球，我想他肯定不会把他的房子盖得跟德国一样大，或者一天吃掉两吨燕窝，一个人乘坐10架专机。

物质决定意识的观点是对的。没有物质就没有意识，物质是意识的载体，意识产生于物质的运动之中。人的精神的载体也是物质，它产生于大脑的运动之中。人的精神需求来源于大脑的需求。身体的需求主体应该说是对物质的需求，但大脑的需要是相当复杂的，很难一句话说清楚。精神需求绝不可以简单地用物质需求来代替。这里探讨的是一个学术性很强的课题，也许针对这个课题现在社会上的研究是一个空白。这里我不想也不可能说得很明白，总之点到为止吧。

总而言之，钱不可以买到精神需要。但钱属于物质的范畴，可以作为精神需求的一种载体而存在。人不能生活在真空中，它需要周围各种物质。那么人的精神需求的载体当然也是物质，没有物质就没有一切。钱作为精神需求的载体，它的作用不是它本身，而是在于人怎样运用它。钱的量的大小不是和人的幸福、满意度（精神需求）成正比的。生活中有很多这样的例子，当你第一次挣到500元工资的时候，你用500元买到二件衣服，可能要高兴10天。但再过几年，你做了一笔生意，挣了10万，你可以买很多东西，你却只高兴了三天便淡漠了，也许你认为这笔生意不够理想，本应挣到50万元的。如果按照成正比的公式计算，挣了10万元应高兴5年。

那么，为什么几乎所有的人都想拥有更多的钱呢？这就回到我前面所说的钱是水的比喻。绝大多数人都想拥有更多的水来跑更大的船，养更多的鱼，灌溉更多的田地。但水多以后也会带来灾难，比如，它会滋生更多的蚊子和苍蝇，它可以产生水灾淹没更多的农田等。人们拥有更多的水，本身不是目标，而是为了养鱼、灌溉田地、跑船……总之，钱是载体，仅此而已。古希腊寓言家伊索说的好：“金钱的价值不在于占有，而在于使用。”

以上所说，并不是阻止人们去赚钱，而是奉劝一些对钱理解不够深刻的人，把钱看成幸福和快乐及成功的代名词的人，能重新认识“钱”，从而能正确获取和使用钱。钱的数量的多少并不代表幸福和快乐的大小，它们绝对不是成正比的，也绝不可以简单替代。

如果在“金钱”和“能力”二者之间，任选其一，你选择哪一个？我想大多数人可能选择前者，那么这就错了。如果说前者是水，后者就是井。水是很容易干枯的，而井不是。你拥有了能力，就是拥有了一口能源源不断汲水的井。我希望我们公司的人来选择井，把个人的能力（包括综合素质）提高看成个人追求的目标，而不是把每个月发多少工资看得太重了。因为你有了能力，就不怕挣不到理想的工资。钱很快就会花完，而能力则可以保持一辈子。

如何选择挣钱的方式

富与贵，是人之所欲也；不以其道得之，不处也。贫与贱，是人之所恶也；不以其道得之，不去也。

——孔子

金钱并非像通常说的那样是万恶之源，而对金钱的贪图，即对金钱过分的、自私的、贪婪的追求，才是万恶之源。

——霍桑

贫穷不是耻辱，因贫穷而羞愧才是耻辱。

——富兰克林

相信金钱无所不能的人，往往为金钱无所不为。

君子爱财，应取之有道。

说起挣钱，有各种各样的挣钱方式。最基本的就是用体力劳动方式去挣。脑力劳动的方式就太多了。脑力劳动挣钱的普遍方式是用自己掌握的知识和技能从事某一领域的技术劳动。以上两种劳动方式有共同的特点，都是付出自己的劳动——体力劳动和脑力劳动。

如果把挣钱的方式简单分为两大类——体力劳动方式和脑力劳动方式，那么，脑力劳动的方式就包含了千万种的具体挣钱途径。有的途径与其说是脑力劳动方式，倒不如说是动动脑筋的方式，说不上什么劳动。后者有的是守法的，有的是违法的。

从事体力劳动的人，只要自己去干体力活，养活自己的家人是没有问题的，但有相当一部分人，从小养成了一种习惯，不愿去干体力活，自己又不愿意去上学，觉得上学也太累，想通过简单地动动脑筋的方式挣大钱。天底下没有这样的好事，到头来只能选择诈骗、偷盗、抢劫等方式去“挣钱”。这样的人，以犯罪的手段获取钱，也可能在得手后一时很有钱，但他们不可能有正常人一样的生活。他们一般都远离家乡，甚至抛下老婆和孩子，到外地躲起来，有的躲到国外，整天担惊受怕，不敢与熟人见面。人是社会的产物，离不开社会群体，需要有家庭和亲人、朋友。如果一个人抛下了家人、亲人、朋友及熟人到一个极陌生的地方生活，不敢在外抛头露面，像老鼠一样怕见人，就是非常有钱，能过得舒服吗？我的看法是，这些人只是把钱本身看成了幸福和快乐的化身，而忽略了有钱后的最终目的。

还有一种人，本身并没有想去干违法的事，但把一时拥有钱当做最大的幸福。这里我说的拥有钱并不是挣钱，而是靠各种手段占有钱。他们把占有和支配很多钱作为实现自我价值的手段，在支配中寻刺激。这样的人在现实生活中也有很多的例子。现在社会上有许多老板看起来非常有钱，拥有奔驰车、宝马车、高级别墅，企业员工有上千人，出去办事前呼后拥，好不威风。自从朱镕基担任国务院总理以后，国家采取一系列措施，使许多这样的老板都露了原形。他们拥有的钱并不是自己挣的，而是靠贷款、靠关系拆借等方式来的。他们有的人运作的资产几个亿，而真正的净资产可能是负数。有许多老板这样认为，贷款一万是贷，贷款一个亿也是贷，如果贷款几万、几十万还不上了，有可能被债权方起诉抓起来，让还债，如果贷款几个亿，到时还不上，国家拿他们就没办法了。倘若因欠债被捕，钱便一分钱也还不上了，国家损失严重，国家还有可能再给一定的优惠政策让挣钱去还债。自从朱镕基担任总理之后，完全改变了这些人的命运，不再给这些人机会了。

更为甚者，有许多能力较差的人，家庭生活还可以，自己不愿出力挣钱，靠国家贷款贷不到，打起了个人的主意。甚至在亲戚朋友的圈子中搜寻目标，到处借款，能借一万不借九千，到处借债，靠借债维生。做生意挣了，借的债不归还，赔了，更有理了。我说的靠借款生活的人并不指家庭确有困难的人，主要指的是靠借钱享乐的人。

有的人，觉得在单位上班挣工资太少，总想发财，知道偷、抢是犯罪的，很危险。觉得自己的智力水平很高，甚至超过单位的所有人。想动一动脑筋把单位的一些利益变为己有，自认为只要做得高明，天衣无缝，别人就不会知道。现在新刑法对公司职员贪污、吃回扣等犯罪有明确的规定，五千元就可以判刑。实际上这些人的做法跟偷、抢、骗没有本质的区别，同样都是犯罪，只不过他们对贪污、吃回扣的性质认识不足而已。

那么，如何选择挣钱的方式呢？我想，首先每个人应根据个人的身体状况、知识水平及业务能力去选择自己的挣钱渠道和方式。没有受到过专业知识教育的人，应以自身的体力为本，用体力劳动去挣钱，而受到过专业知识教育的人，应以自己掌握的专业知识为本，用脑力劳动去挣钱。我特别奉劝那些受到过良好教育的人，更应珍惜、尊重自己的知识，不要被周围的发财口号所左右。动一动脑筋，少出点力，确实有发财的例子，但机会太难寻了，弄不好就要掉进万丈深渊。

怎么才幸福

我们幸福与否，决不能凭借我们获得了或者丧失了什么，而只能在于我们自身怎样。

——罗曼·罗兰

如果一个人觉得自己是最不幸的，纵然他统治了世界，也还是不幸福的。

——塞涅卡

幸福不在于外界的因素，而是以我们对外界原因的态度为转移，一个吃苦耐劳惯了的人就不可能不幸福。

——托尔斯泰

幸福的真正名字是“满足”

——阿米尔

什么是幸福？有人说，有钱就幸福；有人说，当大官儿就幸福；有人说，当名人就幸福；也有人说，有一个好家庭就幸福。总之，对幸福的理解千差万别。我认为，以上这些都不一定是幸福，幸福与否是人的一种综合感觉。

一、幸福的真谛

在现实生活中你可能经常慨叹自己怎么那么穷、那么累、那么悲伤、那么孤独以及那么可怜，经常羡慕某某人是那么有钱、某某人那么有权、某某人那么家庭美满。羡慕人家一出生就生在一个有钱有势的家庭，一辈子衣食无忧可以享清福，人家真是太幸福了，我为什么生活在水深火热之中？真是命苦啊！

如果你总是这样怨天尤人，把自己和别人比来比去，你就永远也不会幸福。幸福不能看表面，不能看拥有多少财富或有多高的权贵。我在这里想告诉你一个怎样获得幸福的秘密——到你的大脑里、到你的心中寻找便可找到。在后面我慢慢讲幸福到底是什么，以及怎样找到幸福。

你可能会说：“谁不知道什么是幸福，连小孩子都会明白这个词，用不着你在这里浪费笔墨。”我想说：“你有可能真的不完全理解这个词。”我在这里把幸福理解成为“人的综合感觉”，感觉美好就是幸福，感觉不好就是不幸福。正常人都有五官七窍，每个人都有七情六欲，人生活在这个世界上，世界上所有的一切均通过人的五官七窍传达到人体内来满足人的七情六欲，给人带来一种体验，如果体验是美好的、舒服的，人就会感觉幸福；如果体验是苦涩的、难受的，人就会感觉到不幸福。人的生活体验实际上是一种从外界物质及事件输入到自己感官再传到大脑的加工生成一种感觉的过程。在这一过程中，感官的灵敏度及大脑的加工过程非常关键。外界给人输入的不仅有物质，也有事件及信息。物质输入到人体的感官后会直接形成感觉：舒服或不舒服。事件及信息将直接输入到大脑进行加工，同样的事件及信息输入，但最终加工的结果会大相径庭，一部分人加工出的感觉是美好的，另一部分人加工出的结果是不好。对于后者，就是大脑这部机器出了问题，需要修理。

二、物质需求是有限的，精神需求是无限的

这里需要特别强调的是：人对于物质的生理需求是有限的。一个人一日只需三餐、一张床。什么食物人最爱吃且百吃不厌呢？回答是否定的。有人说龙虾好吃，可以百吃不厌，这就错了。我见过有人生活在海边上，就是养龙虾的，但他最不爱吃的就是龙虾，开始吃的时候还可以，连续地吃几天就会吃烦。又有人说：“换换花样吃，只要是海鲜我就爱吃。”这又错了，如果让你天天吃海鲜，且换着花样吃，你不会超过一个月，准不爱吃。

这说明人的生理器官对物质的需求是有限度的。你问我什么东

西好吃？我的回答是人只要饿了，吃什么都香；人不饿，吃什么都不好吃。又有人说，人只要有钱，吃什么都方便，想吃什么吃什么；人要是没钱，买肉都买不起，整天吃窝头咸菜，那才难受呢！这话有道理，人必须在一定的物质条件下才有生活的平台。20世纪60年代时的中国，连饭都吃不饱，何谈幸福呢？但现在不同了，现在每人都可以吃上粮食粮食、蔬菜了，再不用为能不能吃饱担忧了。大多数的农民也可以经常吃肉了。现在的大多数城里人基本上满足了肉类的需求。人最大的物质需求就是食物，对于食欲来说，山珍海味与肉类相比没有太大的差异。

人的第二种物质需求是住。无论是农村还是城市，每个人都可以住上一张床，只是床有好坏之分，房子有大小之别。我认为房子的大小不是属于物质的需求，而是属于精神需求。睡觉一张床就足够了，房子大只是大脑感觉舒服，但它并没有直接作用于人体。对有些人来说，就不习惯住大房子。他们认为，两个人住一套三百平方米的大别墅，房子里冷冷清清的，到了夜晚阴森森的不安全。因此，对房子的挑剔，仅仅属于人的精神需求。

人的第三大物质需求是穿衣。我们的老祖先最初穿衣服是为保暖用的，现在演化到了美体之用。作为物质需求，现在的普通衣服是完全可以满足人的保暖需要的。现在的农民及城市市民全部可以穿上保暖的衣服了。衣的美体用途是人的精神需求范畴。同样的衣服，名牌要比普通牌子贵上几倍甚至几十倍；同样的衣服在大商城买比在小铺子买又贵上几倍。可见，到大商城买名牌衣服的人，大多是为了大脑的精神需求。

三、心态决定幸福

通过对以上例子的分析可以看出，人的物质需求并不高。现在的绝大多数城里人及很大一部分的农民都已经满足了生理需要。那么，还有什么烦恼和忧愁呢？可就是有那么多的人天天在抱怨自己的不幸和苦闷。他们还经常在埋怨："我怎么住不上大房子？我怎么穿不上名牌衣服？我怎么开不上名牌车子？我怎么不如某某幸福？"有的人整天闷闷不乐，抱怨自己的父母没能耐，抱怨社会不公平，抱怨自己的才华被社会埋没。原因何在？就在于自己没有一个良好的心态。俗话说：人比人得死，货比货得扔。你若是一个城市工人，你和干农活的农民比，你比他强：你干活比他轻松，你每周有两天的休息日，你流的汗比他少，你生活的环境比他好，你的物质生活比他好，还有什么不高兴的？农民也有农民的快乐，干活累了，躺在地上休息一下，真是太舒服了；出了一身汗，喝一碗井里的凉水，感觉太好了；种小苗时，天天想着秋天的好收成，想着卖了粮食可以给孩子买几件新衣服，干起活来浑身有劲。我看到过很多农民都是很幸福的，我在农村干过活，我有过体验。我的父亲就是这样的人，他生活得很快乐。

人的感官是受大脑支配的，人在忧愁的时候吃好饭也不香；人高兴的时候再累的活也不觉累。有的人想当总统，想成为亿万富翁，想成为明星大腕。你想过没有，一旦成为那样的人就真的幸福吗？有得就有失，不可能什么都想得，又什么都不失去。爱德华·扬格说："只有伟人自己认为伟人不幸福。"就拿古代的皇上来讲，皇上吃饭，每顿有一百多道菜，他一顿饭能吃几道菜？大部分的菜都是一个摆设。皇上没有自由，不能自由出门，政治斗争你死我活，稍不留神就会成为阶下囚或刀下鬼。成为亿万富翁就一定幸福吗？不见得。有位企业家说过："做企业要有一种奉献精神，为家庭奉献、为亲朋好友奉献、为社会奉献，挣钱的人不愿花钱，花钱的人挣不了大钱。做企业累心累神，承担非常大的风险压力，要求人，为求人甚至要放弃自己的尊严，要为员工着想，为国家着想，要有奉献精神，否则你成不了大企业家。"成为明星大腕就一定幸福吗？不见得。有些已经成为明星的人，后来慢慢销声匿迹了。成了明星到哪吃顿饭都怕见到人，否则饭都吃不好，说话做事都要格外小心，否则小报就要小题大做，名来得快，臭得也快。这就是为什么农民也有农民的幸福，总统也有总统痛苦的缘故。从这一点讲，世界给予每个人的幸福机会均是一样的。

刚才讲了一大堆，当总统、当富翁、当明星都不一定幸福，到底怎样做才能幸福呢？在这里讲一个朋友给我讲过的故事。在古代有一位这样的老人，她有两个女儿，大女儿靠卖布鞋为生，小女儿靠卖雨伞为计。这位老人一直感觉自己家的生活非常不幸，整天闷闷不乐。一位邻居问她："大娘，我看您整天唉声叹气，有何不幸之事？"老人说："我两个女儿的生活太不幸了。晴天的时候小女儿的伞卖不出去，下雨天大女儿的布鞋卖不出去，所以为她俩感到不幸。"这位邻居说："大娘，您每天这样想，晴天的时候大女儿的布鞋卖得很好，下雨天小女儿的伞卖得好啊，您应该整天为她俩高兴才对呀！"那以后，这位老人每天按照这位邻居说的话去想，老人从此便高兴起来，感觉到一家生活非常幸福。从这个简单的故事中，我们找到了幸福的根蒂：要调整自己的心态，天天去想高兴快乐的事，而把烦恼的事忘到脑后，自己便会感到快乐幸福。

俗话说：知足者常乐。人不知足就会有烦恼。知足并不是停滞不前，没有任何追求，否则人类就没有文明和进步。人在知足的良好心态的条件下，要有精神追求，想住好房子、开好车、穿名牌衣服这是美好的追求，其实这种追求的本身比真的拥有好房子、好车、名牌衣服更重要。这种追求为保持一个良好心态创造了一个好的条件。得到了，会有更高的追求出现，得不到，也不要烦闷。要认清这些都是身外之物，不直接影响到本人的生理感官需求，这些是属于精神需求的。如果能明白这些深刻的道理，你就是一位有精神修养的人。有了这样的修养，你的精神需求就已经得到了相当程度的满足。

爱会给你带来什么

爱是人生最大乐趣。

——欧里庇德斯

生活中唯一的幸福就是：爱与被爱。

——乔治·桑

人生最大的悲剧不是死亡，而是失去爱心。

——毛姆

幸福最重要的要素是：有所为，有所爱，有所憧憬。

——查默斯

愤恨是毒化精神的毒剂，它使人得不到快乐，并且把争取成功的巨大能量消耗殆尽。

——马克斯威尔·马尔兹

一、爱的一般规律

每个人都有七情六欲，七情是指：喜、怒、哀、乐、爱、恶、欲。可见，爱之情感是人的本性，是与生俱来的。对于每个人，其爱的表现各有不同。有的人最爱自己的配偶，有的人最爱自己的孩子，有的人最爱自己的父母。有的人爱物胜过爱人，有的人爱他人胜过爱自己的亲人。我们绝大多数人都是首先爱与自己经常接触的人，如自己的父母、配偶、孩子。如果按照亲情来画一张图，处于中心位置的是自己，其次是配偶、孩子、父母、兄弟姐妹、亲戚、朋友、乡邻、同胞、本国人、外国人。这种按照亲情关系排列的爱的顺序是大多数人的习惯。但这并非爱这一情感所遵循的规律。

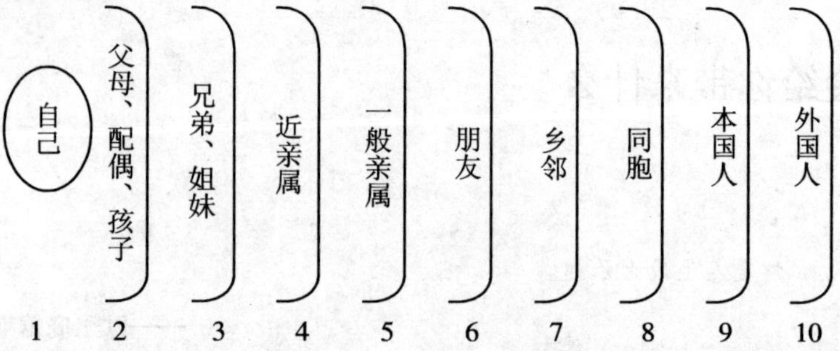

爱的情感的形成，有它自身的规律，这是心理学研究的范畴，不过在这里我可以举些小例子：如果你从小不在自己的父母身边，是跟着爷爷奶奶长大的，那么你对父母的爱就没有对爷爷奶奶的强。如果你的外公外婆常在你身边，而爷爷奶奶距离遥远且不常见面，那么你对外公外婆的爱就比对爷爷奶奶更强。在你所爱的人中间，不一定是按照以上所画的图序排列。有可能有一位外国人从来不认识，经过长时间的交往后成为你的朋友，或者经过一场生死之难后，他可能由爱图的第十级以外进入爱图第三级甚至进入到第二级。如果一个人从小被父母遗弃，后被他人抚养长大，这个人长大之后会把自己的亲生父母当成乡邻也不如的路人，甚至当成自己的仇人。

因此，爱的情感不是以血缘关系为基础，而是以感情的培养条件为基础。当具备感情生成的条件后，什么样的人都有可能成为你所爱的人。我这里所说的爱，并不是异性的爱情，但这种情感形成类似异性爱情形成的规律。例如，有的女追星族，把刘德华当成自己爱的偶像，但这个女孩子以前并没有见过刘德华，只是听过刘德华的歌，看过他演的电影，就对他产生浓厚的爱。这就是我讲的具备了生成爱的条件。我讲的爱，也具有这些特点，例如，你读了《钢铁是怎样炼成的》这本书之后，就对书中的主人公保尔产生了敬慕之情，进而会觉得这个人很可爱；当你看过《闪闪的红星》电影之后，你会觉得潘冬子这个孩子很可爱。爱的产生并非需经历很长的过程，如果一个人符合了你所爱的标准你就会产生爱。有的爱是淡淡的，有的爱是浓浓的。在你认识的人中，你会自觉不自觉地把他们分成类，一类是你深爱的，一类是你喜欢的，一类是你同情的，一类是你憎恨的，一类是你无所谓爱与恨形同路人的。

人类的七情之中，有些情感是可以相互排斥的，有些情感是可以转化的。相互排斥的情感为：爱与恶、喜与哀，可以转化的情感如：怜悯可以向喜欢转化，喜欢可以向爱转化，甚至憎恨可以向怜悯转化，进而转化与爱，即爱与恨也可以转化。但爱与恶（恨）对同一个人不能同时表现出来，它们是相互排斥的，如果有爱就没有恨，有恨就没有爱。你所爱的人多，你所恨的人就少；你所恨的人多，你所爱的人就少。

二、爱是快乐的，恨是痛苦的

爱一个人是美好的情感，对爱与被爱的双方都是有益的情感，恨一个人是痛苦的情感，对恨与被恨的双方都是有害的情感。你爱一个人，你会觉得自己快乐，你恨一个人，你会觉得自己很痛苦。我讲这个道理的同时，可能会有人反对我，有人会说爱一个人是快乐的又是痛苦的，比如一个人爱上了一个异性，形成了爱情，而这个被爱的人无动于衷，他（她）根本不爱前者，这对于前者来讲不是非常痛苦吗？其实这个说法是不对的，如果前者是痛苦的，那么前者的爱是有目的的，很明显前者痛苦的根源是自己的目的没有达到；如果前者爱一个人，他（她）根本没有想让后者去爱他（她），那么他（她）的痛苦又来自哪里呢？因此，有目的的爱不是纯洁的爱，由爱生恨，当然既有快乐也有痛苦，无目的的爱，才是纯洁的，只有快乐，没有痛苦。

我们人类都希望自己的情感快乐、幸福，少一点儿痛苦。因此，我们应好好研究一下自己的七情。既然爱可以给人带来快乐，我们何不多一点儿爱呢？有些人说：谁都知道这个道理，但是做起来是非常难的。其实，做到这一点儿也并不是很难。首先弄清楚，阻止人的爱的情感产生的障碍是什么？这个障碍就是自己的愚蠢认识。恨直接影响了爱的产生，愚蠢的认识乃是恨产生的根源。有的人总是埋怨社会，认为社会不公平，人类不公平，社会上好人少坏人多，见到谁都觉得这个人不像好人，与人交往，本来很公平的事，他也认为不公平，交往一个人就多了一个可恨的人。有的人在与人的交往中，总想占人家点儿便宜，才觉得自己更聪明，把对方当成落入井的牛羊，既然是牛羊嘛，能宰就宰。牛羊又怎样成为他的朋友呢？以上的两种人，犯了一个关键性的错误，那就是他把自己所爱的人已经固定化了，圈定好了，其范围也许就是他的配偶、儿女，或者父母、兄弟姐妹，也许比这一范围更小。除了他所圈定的人，其他的人统统都视为敌人。这样的人就是我前面所讲到的愚蠢的人。这些人表面看起来都非常聪明，其实是一种小聪明，不是大聪明，这种小聪明的认识，其实是和社会规律和人的本性相悖的，相悖就是违背自然规律，最终会自食其果，成为社会的渣子。我在这儿讲一讲他们这些做法为什么和社会规律及人的本性相悖呢？人是生活在社会之中的，每个人都扮演着一个社会的角色，社会人需要的是爱并不是恨，爱是社会交往最好的润滑剂。谁去违背社会规律，谁将会成为社会的淘汰者，这是其一。其二，爱的产生并不是依照血缘关系的，任何人都可以成为你所爱的人，不要先把他排斥在爱的范围之外，爱的范围越大，你生命的意义就会越大，生命就越可贵，反之生命就越渺小。

以上这些人还有一个错误的认识，那就是他们认为爱是一种奉献，是一种给予，把爱看成自己的失去。其实爱不仅是一种给予，同时也是一种获取，能从中获得快乐。以上这些人是非常吝啬之人，唯恐自己失去什么，所以才不肯去爱、不敢去爱，这才是真正的大愚蠢。

三、爱的范围越大越快乐

我在《“我”是谁》一文中已阐明，所有的人类其实是一个大我，真正的自我核心就是一段记忆而已。而且这段记忆并不是“我”所独有的，而是与周边的人所共有的。因此，我们爱他人就是爱自己，我们不要把他人分为三、六、九等，哪些人可以爱，哪些人不可以爱。我们爱动物也就是爱人类，我们爱自然也是爱人类（我们的自然界有一个共同的祖先，那就是世界之初的二元素）。有人会说：我们也去爱自己的敌人吗？比如日本人侵略中国，南京大屠杀我们怎么会忘记？难道我们也要爱日本人吗？我的回答：是的。我所说的爱并不是赞成日本人侵略中国，也不是忘记我们被侵略的历史。我所说的爱是要从特定的历史时期了解那时的国际形势以及那时的背景，从而理解他们，原谅他们，如果他们的下一代能够接受历史的教训，痛改前非，我们也会爱他们。否则我们一直拿敌对的眼光去看待他们，包括他们的下一代、下两代，不给他们机会，我们再去报复他们，冤冤相报何时了？通过这个例子，我们可以推理到两个人乃至所有的人类关系。任何的敌人都可以转化为朋友，只要双方都有诚意。首先，我们自己要先摆出交朋友的姿态，拿出交朋友的心态去对待我们以前的敌人。

佛教讲要爱众生，众生就是我们地球上所有的生物。佛教讲人要以慈悲为怀，慈就是爱心，悲为怜悯、同情之心。这样人类就减少了许多烦恼、痛苦之情，增加了许多快乐、幸福之感，这才是大聪明、大智慧。

如果你用爱去对待这个世界，你就会觉得这个世界很可爱；如果你用恨去对待这个社会，你就会成为这个社会的可恨之人。

四、爱决定着一个人一生的幸福

在《什么是幸福》一文中，我讲到幸福就是一种综合的感觉。

每个人的一生都有幸福、痛苦、平淡三个阶段的感觉。如果一个人的生命是90岁的话，幸福、痛苦、平淡的三个阶段的时间大约都是30年的时间。这里的统计只是粗略的，但仔细分析每个人三个情感阶段所占的比例会差别很大。一个人的一生幸福程度跟所拥有的财富和地位并不是成正比的，而是跟内心的感觉密切相关。在人的喜、怒、哀、乐、爱、恶、欲七个情感中，喜、乐、爱三种情感是快乐的情感，而哀、怒、恶三种情感是痛苦的情感，欲是一个两性的情感，七种情感的中和结果就是最后的感觉：幸福、痛苦、平淡。爱是喜和乐的根本，它决定着喜和乐，恶（恨）是怒和哀的根本，它决定着怒和哀。因此，爱决定着一个人一生的幸福。

爱是一种带有信息的能量，它影响着人的身体健康。我从报纸上看到一则水结晶的实验之后，对爱的情感精神影响身体的程度有了更进一步的认识。这个实验是这样的，日本IHM综合研究所的江本胜博士和他的研究团队从1994年开始实验，他们让水看不同的文字、听不同的声音以及接收不同的意念，然后用高速摄影技术看看水的结晶形态会不会改变。他们在两个装水的容器上，一个贴了“真恶心、讨厌”等骂人的文字，另一个贴上“爱和感谢”的话。过了一会儿他们观察水结晶，贴了坏话的水，结晶散乱、支离破碎，但是读了好话的水，结晶是漂亮的六角形，而且不管是哪一国的文字，结果都一样。如果这些字用声音说出来，也会起到一样的效果。他们新近发表了实验结果《来自水的讯息》一书，证明带有“善良、感谢、神圣”等的美好讯息，会让水结晶成美丽的图形，而“怨恨、痛苦、焦躁”等不良的讯息，会出现离散丑陋的形状。而且无论是文字、声音、意念等，都带有讯息的能量。

谁是你最大的永远的敌人

我认为克服自己欲望的人比征服敌人的人更勇敢；因为最艰难的胜利就是战胜自我。

——亚里士多德

衡量一个人的真正价值就看他约束自我的程度。

——爱因斯坦

一个想要支配他人的人，首先应能控制自己。

——马辛格

播种思想，获得行动；播种行动，获得习惯；播种习惯，获得性格；播种性格，获得命运。

——斯迈尔斯

我认为，可以有永远的朋友，没有永远的敌人。一个人一生中可能遇到许许多多的敌人，但都是临时的敌人。即使有的敌人看起来像魔鬼一样可怕，只要有足够勇气，花费一定的财力、物力及精力，总是可以战胜的。哪里有什么最大的永远的敌人呢？也许答案使你惊奇：你本人是你的最大的永远的敌人。

一、管好你的欲望

这里的敌人，是指当你去为实现自己的愿望去做某件事情时，总会出现某种敌对力量及阻力，在削弱及减少你行动的力量，使自己愿望不能得以实现。这里的敌人，虽不是指战场上的敌人，但它的破坏力也许会超过战场上的敌人。有许多人是战场上的胜利者，但成了这样一种敌人的失败者。

一个人做某件事时，会遇到各种各样的敌对力量及阻力，有些是来自外部的，有些则是本人造成的。来自外部的敌对力量及阻力，只要经过一定的努力，花费一定的精力、物力、财力，是容易战胜的，最难以战胜的敌对力量及阻力，是来自你自身的内部。

有的人把自己事业上的失败归咎于没有机遇、外界因素的干扰、社会不公平等因素，这是错误的。因为他没有看到谁是他事业上的最大敌人，而把外部的敌对力量当成了他最大的敌人。

关于如何对待外部的敌对力量及阻力这里不再赘述，只是谈一谈来自自身的敌对力量及阻力。首先，我认为不节制的欲望是自身的主要敌对力量。古人讲：欲是万恶之源。这句话只是描述了欲的一个侧面，从另一个侧面来看，欲望也是推动人类不断进取、追求的动力。人是一种高级动物，有七情六欲，如果人没有了七情六欲，也就不再是人了，要么是“神”，要么是植物人。每一种欲望就像是拉马车的一匹马，应用缰绳加以管制，慢慢训练、鞭打，让它听话，按指定的方向行驶，否则，马走的方向不对，就会把你从大路带到邪路上去。不加以节制的欲望就像是不按指定方向行驶的马，你的大路是向南，它偏偏地把你拉向西或东，使你的大方向偏离目标，它就成为你的敌对力量。

一个人前进的大方向，一般是由个人依据自己的人生观及事业心选定的。你坐上一辆马车，你的车上有多匹马，每匹马都代表着一种欲望，它们都没有一致的方向，最终向哪个方向走，就看哪匹马最有力或者取决于你的指挥力及管束力有多大，这些马是否听你的指挥。欲望是一个人行动的动力，但这种动力没有一致的方向，如果你运用得好，可以向你追求的目标迈进一步，否则可能要倒退一步，也可能偏离目标。如果你觉得某种欲望对你的事业及人生极其不利，那么你就应减少甚至消灭这种欲望（例如戒烟、戒酒、戒毒等）。

来自自身的敌对力量通常是指贪吃、贪喝、嫖、赌、吸毒等欲望。吃、喝是人皆有之的欲望，但也不能不顾自己的经济条件大吃大喝。后三项是应该杜绝的三种欲望。如果一个人不能战胜后三种欲望，那么他就完了。除以上几种欲望之外，还有几种欲望就是：玩儿、挣钱、当官、出名。

人的需要是分层次的，由低级到高级可以分为：（1）生理上的需要；（2）安全上的需要；（3）社交上的需要；（4）尊重上的需要；（5）自我实现的需要。除第一种外，其余的四种属于精神需要的范畴。

大多数人都希望自己成为一个有大作为的人物，成为社会上一位有成就的人。实现自我，这是一个远大的目标，而绝大多数人也愿意为实现这一目标而奋发图强。这也是一种精神领域内的欲望，但当这个人被某种低层的欲望支配后，不能自拔、解脱，他的一切行动将被这种欲望所控制，肯定不会实现他的远大目标。如，有的人非常喜欢打麻将，不分昼夜地打，对其他一切也不感兴趣，他哪里有时间去干正事，又如何去实现自己的远大目标。如果某种欲望过于强烈，有可能走向犯罪的深渊。如，被吸毒的欲望驱使可能自己参与贩毒，被金钱的欲望所驱使，可能去偷、去抢，这样的例子太多了。

如何使自己的欲望像被驯服的马一样听话呢？这是一个非常值得研究的问题。依我看，当人的一种欲望太强烈时，可以培养另外一种欲望来掩盖和削弱前者。主要应该靠自身的意志来削减不利于自身发展的欲望。要加强自身的修养、修炼，多与一些偶像前辈交流，讲出自己的困境，必要时求助于外界的帮助。有的欲望应该彻底地消灭，如吸毒、赌博等。我个人认为，现在，许多人炒股票在很大程度上有赌博的因素，买股票投资搞成了炒股票投机，实际上这种投机演变成了一种赌一把的心理。现在有许多人除了炒股票，没有心思干别的，天天泡在股市上，上瘾了。这种赌欲不除，对个人的前途极为有害。对于有害的欲望，干脆不沾，沾了之后，很难自拔。我这里并不是说买股票不对，而是反对赌的人。

如果公司的职员有人染上了一种贪钱的欲，想在很短的时间弄到一笔钱，如果这种欲很强烈，他就会想到以下几种方式：（1）以欺骗的方式把钱弄走；（2）以吃回扣的方式，认为不易被别人发现；（3）做假账等等许多种方式。当他有了这种想法之后，就应该立刻告诫自己，这是在犯罪，应马上主动调换自己的工作，别再从事这种容易得到钱的工作。把自己的这种欲望想办法告诉自己的领导或者同事，取得他们的帮助。我们公司以前就有这样的出纳，自己意识到有以上这种欲望后，及时地告诉了我，并及时给他调换了别的工作，否则后果不堪设想。当你有了以上的欲望，必须要有勇气来告诉自己的领导。就像你得了病，应及早治疗，晚了以后就治不好了。

二、重塑你的理念

以上讲的是来自自身的敌对力量——欲望。来自自身的阻力也是很多的，如：骄傲自满、过分自信、自我赞美、患得患失、固执、习惯的思维定式、懒惰等等都是自己事业上前进的阻力。

古人讲“知足者常乐”，这句话对自己有一定的安慰，但也是影响前进的阻力。人可以利用知足来休息和自我安慰，但不可长期“知足”。只有意识到现在的不足，才可以找出问题，对现有的状况进行改进，否则，就没有再前进一步的可能。

人们往往有自我欣赏的习惯，一般都认为自己比别人聪明，自己的办法比别人的好。一件事办得不成功，往往在别人身上找原因，而没有在自己身上找原因，不但原因没找对，还冤枉了好人，最终失去好朋友或合作伙伴。这样的人不愿意承认自己犯了错误，对自己过分自信，有极强的自尊心，不愿意向别人认错。一个人有缺点并不可怕，可怕的是意识不到自己的缺点。一个人认识到自身的缺点比认识到自己的优点更重要。大多数人往往把自己的优点讲在前，而把自己的缺点隐藏起来不让别人知道，自己也很少意识到，这是可怕的。人要时时刻刻记住自己的缺点，及时想办法弥补，而不应该采取隐藏、逃避的办法。

否定自己是一个痛苦的事情，但你意识到自己在错误的道路上走得太远的时候，就应该拿出勇气来大胆地否定自己的过去，重新选择自己的路，不要怕别人耻笑，因为路是你的，而不是别人的。

有的人在发现了自己的不足，想进一步发展的时候，却不敢前进，怕失去眼前的某些利益，只能在原地观望。如，有的公司老板想进一步扩大公司的规模，想吸收一批股东，却又怕失去原来董事长的位子。有的经理想招聘能干的人才进入公司，却又怕被新来的人抢占了自己的位子等等，这些思想都严重制约了公司的进一步发展。“有得就有失”，不可能什么都得到了，却一点也没有失去，天下没有这样的好事。得和失应该加以比较，是哪个更重要。比如说你原来有一个 $100cm^2$ 的小蛋糕，是你个人吃；而和另外五个人分一个 $1000cm^2$ 的蛋糕，你可以分到 $200cm^2$ 的一个角，相比之下哪个对你更有利呢？还有一个例子，你原来是一只孤雁，你的速度是每小时 50 公里向前飞，现在请来了十只大雁排成“人”字形向前飞，你在第十位，但你的速度可达每小时 80 公里。因为大雁在排成人字形向前飞时可以互相借助对方的风力，减少阻力，速度最快。那么你选择哪种方式向前飞呢？

大多数的人都有自己的思维定式，看问题的方法都一样，都是从一个角度看问题，对于不同类型的问题，下的结论都完全一样，处理的方法也完全一样。长此下去，没有发现周围的环境变了，还用同样的方法处理以前曾发生过的问题，这样做是错误的。对于同样的事件，应学会从不同的几个角度去观察，也就是说，你用你习惯的角度去看一遍，然后再用张三的角度（把自己完全否定）去看一遍，再用……这样从多个角度观察后会形成一个立体的感观，对事件的判断也就基本上正确了。处理问题时也参照这一方法去执行，就会处理得比较得当。

懒惰是最要不得的，一个人要想事业上成功，必须要勤奋，关于勤奋的重要性以前已讲过，这里不再赘述了。

一个人一生中要犯许多次错误，要不断地发现改正自己的错误，这就是一个长期与自己做斗争的过程，与自己的欲望斗，与自己的陈旧思想斗，一个战斗胜利了，另一个战斗又开始了，只要敢于和自己斗，就一定会胜利，也就会成为一个真正的胜利者、成功者。

欲望强是坏事吗

人绝不可失去欲望。欲望是创造、爱和长寿的强大动力。

——博戈莫

知足使贫穷的人富有，而贪婪使富足的人贫穷。

——本杰明·富兰克林

适当的欲望，是人类所必需的，但超过了范围，痛苦、罪恶，便如影随形。

——慧律法师

控制欲望是形成性格的基础。

——洛克

我们绝大多数人都把欲望理解为吃、穿、住、行以及对权、钱、色的追逐，基本上把欲望更多地理解为是生理的反应。其实我们应把欲望理解为个人的总需求或人类活动的内在驱动力。这样欲望就包括生理、心理两个层面。比如我们的人生理想，它就属于心理层面的，它是我们的驱动力，它是我们想得到的，为什么就不属于欲望呢？

对人类欲望一词的讨论，古往今来一直未休。绝大多数的人把它视为洪水猛兽，管制的越严越好，鼓励人消灭欲望。我在这篇文章中既肯定欲望的价值，又限制它的泛滥。下面分两个部分来讨论。

一、人的生理欲望

人的生理欲望就是人的生理需求，它包括吃、喝、穿、睡、性等最基本的需求，这些需求是人存活的必要的条件，人不吃饭就会被饿死，人不穿衣就会被冻死。性不是人存活的必要需求，但它是人类繁衍后代的必要条件。根据达尔文的进化论，人类在进化过程中，个体的食欲是有差异的，当食物缺乏时，食欲强的个体必然有更强烈的索食行为，因此也就比食欲弱的个体获得更多的食物而存活下来。食欲弱的个体因索食行为不积极，获得食物不足而饿死。这样经过一代一代的自然选择，我们就不会看到无食欲的人了。人的性欲特征也类似，性欲弱的人就会被自然界淘汰。因此，人的生理欲望是人类生存繁衍的动力。

生理的欲望发生时，表现出饿、渴、冷、困等特征，这是人体缺乏某种需求的信号，我们通过吃、喝、穿、睡觉等方式来得以满足需求。当我们吃饱、喝足、穿暖、睡足之后，这些欲望马上就消失完毕。这些欲望它本身不会挑剔你吃的是什么，你喝的是什么，穿的是什么，是在哪里睡的，只要这些东西能吃、能喝、能穿就可以了。人在吃东西时，东西有酸、甜、苦、辣各种味道，有喜欢吃的，有不喜欢吃的，这些食物的味道它本身不是饿的欲望所挑剔的。这些味道根据个人的不同爱好，各有选择，如有人喜欢吃辣的，而有人不喜欢，有些人喜欢吃臭豆腐，而有些人不喜欢。再比如穿衣，衣服的品牌、花色、质料的选择也是因人而异。用来满足生理欲望的各种物质的差异性是有的，有好吃的有不好吃的，漂亮的与不漂亮的衣服，豪宅与小房等，但这种差异性不是生理欲望本身的选择，应该把这种选择的动力划归为心理欲望。

现在的中国已经看不到有人被饿死、冻死的现象出现了。有了科技的保障，现在的中国已经解决了所有人的生理需求。现在的西方国家乃至中国为什么还有物欲横流、大力追求物质消费的现象呢?表面看起来物质消费是属于生理层面的消费，是用来满足生理需求的，其实则不然，这种消费是对物质差异性的选择，是属于心理层面的消费，是用来满足心理欲望的。可见，人的生理欲望是容易得到满足的，而心理欲望是永远不能完全得到满足的。而我们往往把对物质的追求欲望看成全部是生理的欲望，这是一个致命的错误。

对物质追求欲望中很小的一部分是用来满足生理需求的。比如我们住的房子，它的主要功能就是用作居住，单从生理功能上来看，有一张床就可以满足睡觉的需求，有一个便池就可以解决拉、撒的需求，至于什么宽大的客厅、书房、花园等等都不是用来解决生理的需求的，都是用来满足心理需求的。就连我们吃的点心，它好像是完全用来满足吃的需求，其实不然。买点心要看它是什么品牌，包装怎样，点心制作是否精美，味道怎样，以上这些都不是生理需求的范围。

现在的物质消费已经不是为满足单一生理需求了，现在的物质消费更多的是为满足心理需求了。我们一提到物质消费就联想到衣、食、住、行，这些是人之生理所必需，所以物质消费概念也堂而皇之地被人们推崇为天经地义的事。因此我们每个人就把对物质的追求看成是人生首要大事。这种现象很不正常，是因为我们没有看清事物的本质。

二、心理的欲望

1. 欲望不可消灭

心理的欲望属于心理的一种感受或感觉，它包括生理需求中的差异性选择，如对眼、耳、鼻、舌、身的直接感受的追求，也包括对情感方面如乐、喜、爱、美感、归属感、安全感等等的追求，总之心理欲望是对好的感受的追求。每个人都有这样的心理欲望，这是不用回避的，这种欲望并不是人生存和繁衍所必需的，然而是人类社会发展所必需的，否则人类社会会始终处于原始社会状态。如人类为减轻体力工作的痛苦，取得了各种科技发明，有效利用了地下能源，使人类的工作效率大大提高。人类为了健康长寿，在医学领域有了很大的发展，等等。因此，人的心理欲望是有价值的。人是生活在感觉之中，如果一个人没有了感觉（没有味觉、视觉、触觉、声觉，没有快乐、舒适等情感），那么这个人活着还有什么意义呢？七情六欲本身就是我们的感觉，因此，七情六欲不可消灭。

佛教教人熄灭七情六欲，让人追求生死的解脱以到达涅槃的境界。古往今来，真正达到涅槃的境界的人有几个？如果真能达到涅槃的境界，就真的那么美好吗？佛教讲，达到涅槃的境界就是极快乐的境界，我们很难想象那是一种什么样的快乐。当然，我不否定佛家的修行之道，毕竟出家的人在出家前多半是痛苦大于幸福，通过修佛来解脱痛苦，达到涅槃境界最起码可以解脱痛苦，走这条路是有价值的。但对大多数的人，因为感觉中的幸福大于痛苦，因此他们不愿意出家，也不愿意灭掉七情六欲。毕竟修佛有很严的戒律，这些人也很难做到，因此大多数未去修佛。我本人的建议是：人的欲望不必灭除。首先对欲望建立一个正确的认识，在此基础上对欲望加以调整和管理，达到增加幸福指数的目的。其实佛家成佛的修炼追求也是一种欲望，一种精神欲望，因此，佛教也并不是灭除一切欲望。

2. 心理欲望的本质与表象

我们一提到欲望一词，就很快会想到钱、权、美色、荣誉、地位等等，其实钱、权、美色、荣誉、地位这些只是实现欲望的载体，我把它称为欲望的表象。我们确实是生活在一个物质的世界中，但我们得到的只是一个感觉的世界，也就是说我们是生活在感觉之中。我们是为了幸福（好的感觉）活着，我们不是为了钱活着，也不是为了权、美色、荣誉、地位活着。我们的欲望的本质是追求好的感觉，不是追求外在的什么东西。但我们绝大多数人认识不到这些，把外在的东西当成了追求的目标，这也是我们教育的一大失败。我们从小就受到周围一些人包括我们的长辈、老师的影响，他们会说：你一定要考上大学，考上大学的目的是为了当官，挣很多的钱，这样才会光宗耀祖，这就是幸福。他们并没有告诉我们，幸福的真谛就是感觉，不是外界的东西，而是内心的感受。

2007年，中央电视台第二套节目对我国29个省市自治区（除香港、台湾、澳门）的幸福指数做了一个调查，调查的结果让人非常吃惊，29个省市自治区中幸福指数最高的地方是西藏，排名第二的是内蒙古，排名第三的是黑龙江，幸福指数较低的地方是上海、北京。这一点说明人的幸福指数与财富并不成正比，反而成反比。因此，我们应从追求财富、地位、权力的欲望表象中回归到追求快乐、高兴、舒服等欲望的本质中来。

3. 欲望的表象是无止境的

古人有首诗："终日忙忙只为饥，才得饱来又思衣；衣食两样皆具足，房中又少美貌妻。娶得娇妻并美妾，出门无轿少马骑；骡马成群轿已备，田地不多心里虚。买得良田千万顷，家里无官被人欺；七品八品犹嫌小，三品四品仍嫌低。一品当朝为宰相，又想君王作一时；心满意足为天子，又羡神仙无死期。"这首诗把人的欲望的表象特征说得淋漓尽致，从一个人的衣食欲望到钱、权、美色、地位等欲望统统说到了。人们对于身外之物（包括权力、地位）的期望是无止境的。而且身外之物的多少与幸福指数不是成正相关的，中央二台调查的例子就说明了这样的原理。身外之物在不断地增加，在一定程度上会影响到幸福指数，例如：你以前出行是骑自行车，当你有了钱之后买了一个小夏利车，你会感觉出行非常方便，雨淋不到，风吹不到了，会高兴半年。但当你又换了一个奥迪车之后，虽然奥迪车的价格是夏利车的七、八倍，但你的感觉绝对没有买夏利车时更好，你顶多高兴三个月或者更短的时间。从这个例子中可以看出，财富的增加对幸福指数影响是遵循效用递减的原理。虽然奥迪车会给你带来三个月的快乐心情，但比起你付出的辛苦劳动，这点快乐可能被完全抵消掉了。因此，你的财富虽然增加了，你的总幸福指数并没有增加。虽然是这样的结局，但是总有人愿意拿自己几十年的辛苦去换取几个月的快乐，这又是何故呢？这就是佛教中讲的执著心态。这些人往往误认为得到了身外之物后会如何地快乐，把这种理想神圣化了。这种理想成了个人一切行动的主宰，也成了精神的一种寄托，因此，在它的统治下，人成了奴隶，愿意受它的驱使。在它的驱使下，人忘记了付出的辛苦劳动。当你得到奥迪车后的那种快乐会与你想象的快乐有很大差距。实际上，若你的目标不是买奥迪车，你挣钱后去投入公司再生产或去做有利于社会及他人的事，你得到的快乐可能会更多。执著于小我不如去执著于大我，小我是自私、庸俗的，大我是高尚、无私的，得到的快乐会更大。

4. 欲望的相对性问题：

前面已阐明欲望的本质是对好感觉的追求。那么如何才能得到好的感觉而避免痛苦的感觉呢？其实，感觉的好与坏是相对的。没有坏也就没有好。如果你想体验进食的快乐，你首先得饿着肚子，如果你不饿，山珍海味对你又有什么反应呢？人饿了，吃什么都香，不饿，吃什么也不香。如果你自己觉得生活平淡无味，你去到边远穷困的山区待上一个月，在那里和当地老百姓一同吃，一同住，一同去劳动，然后你再回来，你就会觉得生活非常美好、幸福。你吃的苦越多，你获得的幸福机会就越多。快乐的感觉是从情绪低谷走向高峰的过程之中，痛苦的感觉是从情绪高峰走向低谷的过程之中。水平面上当然无所谓乐和苦，是平淡的感觉。因此，你情绪的谷越低，衬托的峰就越高。每个人一生中既有情绪低谷又有情绪高峰，机会一样多，所以我写了一篇《人与人是平等的》的文章。

对于身外之物也是一样，你越是在意怕失去，当你失去时越痛苦；你越是想得到，当你得不到时越痛苦。因此，我们应该淡化身外之物的存在，放下就轻松。

5. 欲望的调整与选择

每个人的理想是不同的，有的人想当科学家，有的人想当大老板，有的人想从政，这些理想的不同根源于他们的兴趣爱好不同。但这些爱好和兴趣是可以转化的。例如，有的人少年时想当科学家，后来因为没考上大学，理想转化到了经商上来。这些变化是正常的，也是必需的。这种转变会使他成功，这样的例子有很多。如果一个人太执著于他的那个理想，当实现不了时，他的痛苦就更大。因此，一个人的理想不能太高，而且要适合自己，才能避免痛苦，否则，大的痛苦就不可避免。这就是一个欲望调整的过程。如果你是一个没什么特长的工人，你可以把工长、车间主任列为你的第一追求目标，但不要把公司总经理作为你的第一目标，否则就会吃苦头。

每个人的欲望有很多，当一种新欲望形成之后，就会减弱或消灭另一种欲望。例如，一个人喜欢上打麻将之后，可能每天晚上都沉迷在其中，他原来的那个晚上学习的欲望就会减弱或消失。从这一点看，我们要谨慎地建立新欲望，看这种新的欲望对身心健康以及家庭事业是否有利，像赌博、吸毒等欲望是不能建立的，是要消灭的，可以用其他的欲望取而代之。

6. 欲望的控制

既然欲望是人生存、繁衍和社会发展的必要条件，是不是可以说欲望多多益善呢？是不是越强烈越好呢？是不是可以张扬自己的欲望呢？回答是否定的。前面已阐明，对个人的欲望的大小、种类应有调整，否则就会给个人带来痛苦。如果欲望过强、过大，对社会就会带来很大的危害。社会上几乎所有不良现象和犯罪行为都是欲望过大造成的，如：为钱去偷、抢、骗、吃回扣、受贿、贩毒、走私，等等。

欲望如同火，人们用火可以做饭、取暖，合理地使用火是有益的，但当火过大，漫过炉膛之后，就会造成火灾，烧毁你的房子。

欲望又像水，在河道里可以引导着水去浇地，但水漫过河道之后，就会淹没农田，造成很大危害。这里的炉膛和河道就是我们的法律、道德。欲望只能控制在道德、法律的框架之内，违背道德、法律的欲望是不允许的。如人类对美味的欲望过大，对野生动物的大量屠杀，导致了野生动物的大量灭绝，人类对资源的占有欲过大，导致了很多战争。

7. 应鼓励的欲望

我们一讲到欲望无非就是想得到某种东西，其实我们忽略了一种欲望：施舍。只有极少数人理解施舍也是一种快乐。在我们的七情之中，爱是我们的一大本性。《论爱》一文就详细地解释了这一情感，它是我们人类的一种重要欲望。凡是缺乏爱的欲望都是自私的，只有带爱的欲望才是有利于社会的。如一个人想成为科学家，就要爱人类，否则这个科学家会成为人类的罪人。如果我们充分发挥爱的情感，我们就会很自然地得到快乐、幸福，我们所厌恶的情感如：怒、恶就会消失。如果我喜欢这个人，我就不会讨厌他、恨他，我喜欢这个国家，我就不会有愤世不公、怀才不遇等烦恼。因此，对爱追求的欲望是我们应大力所提倡、鼓励的。这个“爱”重要的不是爱自己、爱家庭，更重要的是爱国家，爱人类。

如何解脱精神痛苦

许多的苦痛是你自择的。

——纪伯伦

贪心是最猛烈的火，憎恨是最坏的执著，迷惑和错误的见解是最难脱逃的网。

——释迦牟尼

人之所以痛苦，在于追求错误的东西。与其说是别人让你痛苦，不如说自己的修养不够。如果你不给自己烦恼，别人也永远不可能给你烦恼。烦恼，只因为你自己的内心放不下。当你烦恼的时候，你就要告诉自己，这一切都是假的，烦恼什么？

——佛教箴言

一、弄清宇宙、人生真相是解脱精神痛苦的前提

每个人都有各种各样的精神痛苦，有的痛苦来自于工作中，有的痛苦来自于家庭。人有生、老、病、死、怨、憎、别离、求不得等苦，其中，生、老、病、死是生理现象，对于生理的痛苦可以用医疗的办法解决，但生理的痛苦也会带来精神的痛苦。在佛教看来，精神痛苦的主要来源是贪、嗔、痴，贪、嗔、痴是三大根本烦恼，人类如果消除了贪、嗔、痴就可以消除精神痛苦。佛教针对人的精神痛苦来源的论述可谓是精辟之致。佛教的根本宗旨是让人解脱精神痛苦，其修行的各种办法如“六度”其主要目的也是为了解脱精神痛苦。

我认为，人类的一切烦恼的产生的根源首先是人的无知（痴），

即对宇宙人生真相的迷惑不解。由于凡夫对宇宙、人生的真相只停留在表层的认识阶段，通过眼、耳、鼻、舌、身这五官去感知世界，把错误的感知当成了宇宙、人生的真相，就会产生贪、嗔、慢、疑等各种烦恼，终日陷入烦恼之中不能自拔。佛经中所宣讲的其主要目的是让人首先开悟，开悟就是明白宇宙、人生的真相，当人开悟之后其烦恼就很容易消除。那么，什么是宇宙、人生的真相呢？在佛教看来就是“诸行无常、诸法无我、万法皆空”。“诸行无常”的意思是说：世界万物都处在不断生灭流转的变化之中，一刻都不停地运动着，人的生命是这样，其他一切事物也是这样，宇宙万物都处于变化无常之中。“诸法无我”的意思是说：万事万物包括有生命的或无生命的都是由因缘和合而成，离开了各种因缘关系，一切事物也就不存在了。所以一切事物都没有自己独立的本质实体或是主宰者（我）。“万法皆空”的意思是说：我们所感知到的宇宙万物，看似真实，实则是一种错觉和假象，宇宙万物的表面千差万别，实则是同一种本性（空性）在人脑中的不同显现，宇宙万物具有同一性即空性，这种空性也是佛性。

1. 宇宙万物是变化无常的

我们对“诸行无常”还相对比较容易理解，学过一点哲学或物理学的人都知道世界万物都是运动和变化着的。但我们对运动和变化的范围的理解往往太过于狭窄。如我们会看到树木花草每个季节都有变化，我们会看到有生命的动物身体会发生变化，我们会看到太阳、星辰在不断地运动，但我们却很难理解我们身边的大山、石头、大地它也在每时每刻发生结构性的改变，而不仅仅是与地球一块运动。我们容易理解原子也不停地运动，但很难相信原子内部的结构也在不断地发生改变，在一定的条件下由一种元素就会变成另一种元素。我们容易理解宇宙中星体的运动，却很难相信总有一天宇宙也会消失。我们应该完全接受“诸行无常”这个真理。这个真理已经被科学所证实。

2. 宇宙万物没有独立的自性

既然宇宙万物都在不停地变化，那么就可以推导出“诸法无我”这个结论。因为宇宙万物都在由这个物（这个我）在不断地变成另一个物（那个我），所以就不存在一个固定的和不变的“我”。我们看到的一个物在过了一秒钟后它就变化了，就不是原来的那个物了，只不过有些物如石头的变化非常小，我们人类的眼睛很难发现它们的变化而已。对于任何一个事物，它的形成都是有条件的，这些条件无非是内因和外因两个方面，也就是佛教讲的因缘。没有因缘就没有这个事物。任何的物体都是可以无限细分的，如生命体是由器官构成，器官是由细胞构成，细胞是由分子构成，分子是由原子构成，原子是由原子核和电子构成，原子核是由中子和质子构成，中子、质子、电子是由奇子构成，奇子是由……无限细分。因此，任何物体都是由其他物体所构成的，任何物体都没有一个不可分割的“我”存在。我们对“万法无我”这一结论从表面上看是容易理解的，但往往理解的不彻底。如，我们理解一堵墙，它是由砖、泥构成，墙并非神秘之物，因为我们在墙上发现了砖和泥。我们可以说：我们看到的不是墙而是一堆的砖和泥。我们甚至可以取消“墙”这个概念，根本不用墙这个名词。但是，如果我们看到了一只猫，我们却很难把“猫”这个概念给取消。其实猫和墙在形成的原理上是一样的，猫是一堆原子和电子组成的，墙也是由原子和电子组成的，二者的构成元素是相同的，为什么我们可以取消“墙”的概念而不能取消“猫”的概念呢？这只是我们人类的感官的错觉造成的，我们认为猫是真实存在的。猫的寿命可以是几年时间，在这几年中猫始终是活着的，但猫每时每刻都在变化，由小到大，逐渐衰老直至死亡，死之后又变成泥土。其实猫本质上就是会动的泥土，只不过我们没有把泥土与猫联系在一起。

3. 宇宙万物呈现空相

在理解了“诸法无我”这个结论之后，我们从逻辑上再来分析“万法皆空”这个结论。既然万物都没有一个固定不变的内核，任何物质都可以无限细分下去，那么物质的自性就不存在，物质的这种性质可以称之为空性。我们对于空性的理解较之前两个结论就会感觉难度很大。我们明明知道猫是存在的，即便“猫”的概念可以取消，那么原子和电子也是存在的，即便原子和电子的概念取消，还有更小一级的微粒是存在着的，怎么能说它是空呢？如果这样理解，我们将永远不能证到空。有和无中间是没有通道的，有和无是不相容的，有就是有，无就是无，实就是实，空就是空，这是我们凡夫的逻辑，甚至也是很多科学家的逻辑。如果不能突破这一逻辑我们就不能彻底开悟，如果突破了这一逻辑，我们就能得到佛教讲的大智慧。

我在《感觉论》、《人类的认识偏差》等文章中已经阐明，我们所感知到的七色是一种假象，我们感知到的温度、声音是一种假象，时间、空间以及所有的物理性质都是一种假象。这些假象的存在皆是我们感官造成的，我们相信我们感觉到的一切都是真实存在的。有和无的概念是在空间和时间存在的条件下才产生的，如果空间和时间都不存在，我们人类的“有和无”概念又会从哪里来呢？现在的相对论已经证明空间和时间可以不存在，也就是说我们所感知到的一切物质可以不存在。通常的逻辑是：物质要么存在，要么不存在，不会出现可以存在也可以不存在的结论。但事实上是：物质既存在，又不存在，这是相对论得出的结论。判定物质的存在理由是：我们人类有了感觉。但在现实的实践中，物质的存在与否与我们的感觉不应该有直接的关系，因此，最终的结论是：我们的感觉只能是幻觉。空间和时间以及其他任何物理特性都是我们人类的感觉，这种感觉是假的，因此它是幻觉。凭什么说我们的幻觉内容就是实，就是有呢？如果说存在，只能说幻觉这个感觉自身形式是存在的，但幻觉的内容是无的。也就是说物质的形式（即幻觉本身）是有的，而物质的内容（幻觉的内容）是空的，是无的。我们人类得到的是一个幻觉的世界，而不是一个实有的世界，因此得出“万法皆空”的结论。如果我们人类生活在真空中是没有意义的，我们生活在幻觉之中才有意义，幻觉本身对我们人类是有意义的。幻觉本身是存在的，又可以推导出物质是存在的，否则幻觉又是从哪里来的呢？这又出现了新矛盾。这种有中生无、无中生有的矛盾在常人看来是错误的，但在佛教看来这很正常。“有和无”也是人类的错觉，终极的世界本性不存在“有和无”，既是有又是无，这就是空性，也就是佛性。

4. 人类的“我”也是空的

我们明白了“万法皆空”的道理，再来研究一下“我空”。既然世界万物的本性为空，自我也是世界万物中的一分子，当然也可以推导出“我空”。“我”也是“无常”、“无我”的。那么“我”到底是谁或者是什么呢？在《“我”是谁》一文中已经论述，“我”的核心就是记忆，“我”的全部就是记忆加感觉。按照佛教的理论，感觉的内容是虚幻的，是假的，是空的，“感觉”本身对“自我”来说也是虚幻的和不实的。因此佛教要求每个人都要禁欲，严格控制“自我”的生理感觉和精神感觉，把感觉与贪、嗔等同对待。佛教让人把肉身当成衣服来对待，认为肉身是痛苦的来源。把人的灵魂与肉身分离出来，追求灵魂的升华，而忽视肉身的存在。在这一点上，我个人的观点与佛教不同。前面已经阐明，人的感觉的内容是虚假的，但是感觉活动的本身是真实的和存在的，“感觉”又是“自我”的内在主体，因此，我们要重视“感觉”本身的价值，忽略感觉内容的价值，即忽略外界事物的价值。“感觉”是由肉身产生的，而不是独立于肉身之外的。如果没有了肉身，那么“感觉”也就不存在了。肉身是产生感觉的客观基础，也是产生记忆（我的核心）的客观基础。佛教认为人的灵魂可以离开肉身而独立存在，这只是一种美好的猜想。

按照我的观点，我认为人不应该去敌视肉身，而应给予肉身一定照顾。我这里讲的给予肉身照顾，并不是要增加多少身外之物，而是针对肉身的本体而言。人的感觉，一部分是生理活动，一部分是心理活动。心理活动比生理活动更重要。人的心理活动有它本身的规律。身外之物的刺激虽然在一定条件下产生好的生理感觉，但这种好的生理感觉的边际效果会递减，身外之物对人的心理的作用就更小了。

“自我”的内在主体是感觉，我们每个人都应为感觉去活着，而不是为肉身而活着，更不应是为身外之物而活着。而我们绝大多数人都认为肉身就是“自我”的全部，这是一个严重的错误。肉身是“我”生存的一个工具，肉身是一种载体，我们不能为这个外形活着，但给予这个载体一些服务，“我”的感觉就会好一点。例如肉身生病之后，“我”的感觉肯定不好，如果给肉身吃一些药，感觉就会好，如果我们不顾肉身的死活，我们的感觉也肯定好不了。其实肉身的消费是有限的。吃饱、穿暖的基本消费并不高，而我们往往把贪欲的罪名都加到肉身上，这是不对的。人的六欲（眼、耳、鼻、舌、身、意）中，肉身的欲望为前五种，这五种欲都是很易满足的，唯有意欲是很难满足的。因此，我们更要严格控制意欲。意欲主要是对身外之物的欲望，这种欲望是我们精神的欲望，而不是肉身的欲望。当我们明白“我”的真相之后，我们就会追求“感觉”，而身外之物是不会给我们带来多大帮助的，我们要研究透“好感觉”产生的规律，只要把握好这种规律，我们就会得到一种好的感觉。我们知道知足者常乐的道理，其实这就是“感觉”规律，我们减少意欲，就会有好的感觉产生。

当我们明白“我是空”之后，我们就失去了“自我”，“自我”是与整个宇宙连接在一体的，宇宙万物都是“自我”的一部分。因此我们就无所谓生无所谓死，就不再害怕死亡。这样，我们就获得了很大的解脱。正如梅瑞蒂斯所说：“战胜对死亡的恐惧才能真正享受生命。”当我们明白了宇宙万物的空相之后，我们就不再为外物的得失而忧虑。当我们明白了宇宙万物没有独立的自性之后，我们就不会执著、贪恋于某一有害事物之中不能自拔。当我们明白了宇宙万物始终是变化无常之后，我们就会消除生、老、病、死、怨憎、爱别离、求不得给我们带来的精神痛苦。

二、去掉贪欲是解脱精神痛苦的第二个条件

我在《欲望强是坏事吗》一文中，已经详细地阐述了欲望的本质。欲望分为生理欲望和心理欲望。生理欲望是人生存和繁衍所必需的，是不可以戒除也不可能戒除的。衣、食、住、行是人生存的必要外部条件，因此对衣服、食物、住房的基本需求并不是贪欲。生理欲望不属于贪欲。那么有人会马上提出质疑：贪欲不就是指对物质以及其他身外之物的追求吗？衣服、食物、住房难道不属于身外之物吗？其实，这是我们认识上的一个错误，原因是我们把生理欲望和心理欲望混为一谈了。对物质的追求是欲望，但是，它包含两种欲望：生理的和心理的。生理欲望是不带有挑剔性质的，而心理欲望是带挑剔性质的。这一点我在《欲望强是坏事吗》一文中已有详细的说明。贪欲只属于心理欲望的范畴，而不属于生理欲望。我所说的贪欲实际上是指没有节制的心理欲望，是对身外之物（包括权力、地位）的盲目的追求。这种对于身外之物的追求是无止境的。身外之物的多少与幸福的指数不是成正相关的，中央二台调查的例子就说明这样的原理。身外之物在不断地增加，在一定程度上会影响到幸福指数，但财富的增加对幸福指数影响是遵循效用递减的原理。因此，对身外之物的追求的结果是烦恼多、快乐少，和当初的期望是大相径庭的。我们的欲望的本质是想得到好的“感觉”，不是追求外在的什么“东西”，但我们绝大多数人认识不到这些，把外在的东西当成了追求的目标，其结果是痛苦的。如果你要摆脱这些痛苦，就要去掉贪欲，停止对身外之物盲目的、疯狂的追逐，改为去追求好“感觉”。

三、去掉恨是解脱精神痛苦的第三个条件（略）

参看《爱会给你带来什么》一文，已有很详细的阐述。

你肯定需要这样的理想

一个人有了远大的理想，就是在最艰苦难的时候，也会感到幸福。

——徐特立

如果一个人的头上缺少一颗指路明星——理想，那他的生活将会醉生梦死。

——苏霍姆林斯基

生活好比旅行，理想是旅行的路线，失去了路线，只好停止前进了。生活既然没有目的，精力也就枯竭了。

——雨果

理想与热情，是你航行的灵魂的舵和帆。

——纪伯伦

当有的人看到理想二字时，会感觉与自己无缘，认为只有有远大抱负的人才有理想，理想二字对自己会产生压力，因此从不愿意谈理想，这就错了。不管你承认不承认，只要是正常人都有自己的理想。这里，你可以将理想理解为人生的愿望，这种愿望就是你自己想得到的东西或实现的目标。

一、理想是人生的必需品

每个人在出生的时候就有了生活的愿望。刚刚出生时，吃是人的第一愿望，随着慢慢地长大，几个月时开始学会了玩，然后是希望和他人的交流与沟通。等到小孩子上幼儿园时，除了吃之外，最大的愿望可能是要好玩的玩具、看动画片。上小学时，希望成为老师最爱的学生或同学最喜欢的人，上中学时，希望能考上名牌大学，上了大学时，希望找到好工作，工作时希望能得到更多的薪水，然后是想得到一个好的配偶，有了家庭想有一个可爱的孩子。总之人在每个阶段都有一个目标，即理想。这个目标在不断地变化和扩大。

有的人的理想是十几年以至几十年以后的目标，而有的人想不到这么远，只想到一年或两年想达到的目标，或者更短的目标。每个人每天都在忙碌着，其实都在为这个目标。假如你只想到今天的事，从未想过明天的事，你会变成什么样的人？那就是“今朝有酒今朝醉，没得饭吃上街讨”的生活方式，这和动物有什么区别。就连老鼠都知道把食物储存起来，留作冬天的时候享用，那就真的连老鼠都不如了。由此可见，理想是人生的精神支柱，没有理想，生活就会失去目标，精神就会萎靡不振，生活就没有信心。理想是高于现实的目标，有的能够很快实现，有的永不能实现，当你实现了目标以后，新的目标又会确立下来。例如，你是一个刚刚参加工作的20岁的人，你现在的工资是每月一千元，你想在三年内达到月工资三千元，当你实现了这个目标之后，你又会确定新的目标，把月薪一万元作为你的奋斗目标。

每个人的理想都不相同，同样是刚刚工作的20岁青年，你可能把三年内找到一个满意的异性朋友作为你的理想，而把挣钱放在了第二位。你也许把拿到一个像样的文凭作为第一位，把找对象放在第二位，把挣钱放在第三位。总之你有了目标之后，你就有了生活的动力，工作也有了方向，精神世界就有了支柱。理想是自己发展的动力，也构成了社会发展的动力。若每个人都满足现状，就会不求进取和创新，社会当然也就停滞不前。

二、理想是分层次的

理想不仅可以分为远期的和近期的，还可以分出高低层次。按照马斯洛的需求理论，人有五个层次的需求，由低到高分别是：（1）生理层次的；（2）安全层次的；（3）社会交往层次的；（4）受人尊重层次的；（5）自我实现层次的。第一个层次为物质的需求层次，第二个层次为物质与精神交叉层次的，第三、四、五个层次是属于精神层次的。可见人的物质需求是低层次的，是容易得到满足的层次。人的理想也是由物质方面的理想到精神领域的理想，由低到高发生变化。

人刚出生时，只顾自己吃饱玩好，慢慢长大后又想到不仅为自己还要为自己的父母、兄弟去奋斗；当自己的家庭物质需求满足之后，就会想到亲戚朋友，帮助亲戚朋友；当亲戚朋友物质条件满足之后，就帮助社会上的苦难者。因此，人的理想的目标开始是为自己，然后是为家庭、亲戚、朋友、社会人，由小到大发生变化。这也是人的本性。世上不存在绝对自私的人，也不存在只为他人活着的神。

每个人都有自己的理想，而且每个人的理想都不相同，如有的人想成为富有的人，有的人想成为某个领域的领导者，有的人想成为英雄，这些都无可非议，我们关心的是这些理想是靠什么手段实现。有的人为了快速致富，通过骗、偷、抢来实现，这是绝对禁止的，即使你达到了目标，也是违背人性的做法。你会失去安全层次的、社交层次的、受人尊敬层次的和自我实现层次的高层次理想，你会遗憾终生。确定理想是一种技术，你要明确哪些理想应该在什么时候实现，若实现不了怎么办？不能实现的目标，不可强为，强为必然导致遗憾。

理想也是一种美好的想象，有了好的想象，你会心情愉快，会有一种幸福感，这种幸福感不仅体现于目标实现的本身，而且主要体现于对这种目标的追求过程之中。因为目标得到的时刻是非常短暂的。如你想考上名牌大学，在追求过程中你会觉得非常有动力，而真正拿到了大学通知之后，你也许只有短暂的高兴。当自己经过努力之后，而目标并没有实现时，你不要自暴自弃，你要学会用知足二字去安慰自己，可以重新调整自己的目标。人不可能想干什么就能干成什么，否则人就不是人而是神了。

人为什么活着？有的人说为了理想活着，有的人说为幸福活着，有的人说为快乐活着，有的人说为家庭活着，等等，这些说法都是正确的。因为理想是为幸福和快乐设定的，在追求理想时，人是幸福快乐的；为家庭活着实际上是一种爱，爱也是幸福快乐的。因此，这些说法最终都是殊途同归。人活着究竟得到的是什么？大多数人会说是酸、甜、苦、辣。可见人生的目标与人得到的并不同，是什么导致了目标与得到的不同呢？是自己的情绪导致的。如果一个人的情绪始终是快乐的，他得到的甜会更多，相反他得到的苦会更多。因此，一个人情绪好坏是人生的关键。由此可见，我们要把理想与情绪放在同样的高度去看待。如果把人生看成是奔跑的汽车，理想就是汽油、是动力，而好心情就是润滑油，二者缺一不可。

人生的价值与目标

人生的个人价值

自我感觉就是人的价值。

——拉伯雷

所谓人生的价值，是一种如何生存的质量问题。

——铃木健二

人生的社会价值

人生价值的大小是以人们对社会贡献的大小而制定。

——向警予

一个人对社会的价值首先取决于他的感情、思想和行动，对增进人类利益起多大作用。

——爱因斯坦

人生的目标

人生的奋斗目标决定你将成为怎样的人。

——欧文

一、人生的个人价值（意义）

我们往往会问这样的问题：一个人活一世究竟为了啥？人生的意义是什么？这看似及其简单的问题，其实我们绝大多数人都没有弄明白。有的人这样回答：人活着不就是为了吃饭、穿衣、睡觉、结婚、生孩子吗？也有的人会回答：人活着是为了自己的理想和事业。还有的人会回答：人活着是为了活的舒服、自由自在，等等。总而言之，对这一问题的回答会五花八门、千奇百怪。这也并不奇怪，我们绝大多数人都自认为已经搞明白人生的意义，不愿意再花时间去考虑这个看似极其简单的问题。绝大多数人只是看到了人生的表象如吃、穿、睡等，并没有认清人生的本质。吃、穿、睡、事业等只是人生的手段或经历，都不是人生的最终目的，人生的最终目的是获得幸福、快乐的感觉。无论一个人一生做哪些事，都是为了获得幸福、快乐的感觉。因此，人生的意义在于获得多少幸福感。这里的幸福感就是人生的个人价值。

我们每个人往往把人生的个人价值大小与一生中做过哪些惊天动地的事情，拥有多少财富，在社会上是什么样的地位等等画等号，这是错误的。做惊天动地的事情，拥有大量财富，在社会上有很高的地位，只能说明人生经历的内容是比较丰富的，但是，如果这个人仍然不能获得幸福的感觉，这样的人生对他本人来说又有何意义呢？因此，人生的个人价值好坏与财富、地位没有直接关系。那么会有人提出是否有间接的关系呢？应该这样来解释：如果这个人喜欢追求财富和地位，那么财富和地位就会影响他的幸福感，如果这个人不喜欢追求财富和地位，那么财富和地位就不会影响他的幸福感，人生的价值好坏就与之没有关系。总而言之，一个人喜欢什么，他的人生价值就与什么有关。大家千万注意，我这里只是说“有关”，它既是正相关也是负相关。如果一个人喜欢一件东西，但是并没有得到，那么他的这个喜欢就变成了坏事。我还要说明的是，一个人并不能喜欢什么就去做什么，比如，一个人很喜欢打人，就随便去打人，这是错误的。社会是要有道德规范的，我们每个人都要在社会道德允许的范围内去做喜欢的事情。

究竟是什么直接影响幸福感的大小呢？这要首先分析什么是幸福感？所谓的幸福感就是人的一种感觉，是生理的和心理的感受。生理的感受就是人体各种感官受到刺激后的感觉，它主要来自于外界包括衣食住行等，也就是我们经常说的物质产品。但是，物质产品对人体感官的刺激是定时定量的，当人体感官得到满足之后，它的感觉就会消失。关于这一点，我在其他文章中已有详细的阐述。生理感受还直接取决于人体感官的灵敏度，只有身体健康的人，才具备灵敏的感官。一个身体健壮的人吃饭香，睡得香，而一个有病的人，则完全相反。心理的感受直接受当时心情、情绪的影响。如果在一段时间内的心情不好，那么幸福感就会低，心情好，幸福感就会高。心情又会受什么来控制呢？我们往往把心情看成是反复无常、不可捉摸的事情，这是错误的。好心情受到几个关键因素的影响，首先是这个人是否有一颗爱心即慈悲心，其次是这个人的性格。一个有博爱心的人，他会热爱周围的一切——植物、动物、山水、人类。在他的眼里一切都是那么的可爱，没有敌人、没有仇恨，哪里还有烦恼呢？一个性格开朗的人，经常保持一种快乐的心情，遇到烦恼的事情能很快化解，因此，这样的人幸福感就高。一个人的性格既受到先天遗传因素的影响，也受到后天养成习惯的影响。这里重点说说后天的养成习惯。人的心情最初是受到人体各种感官的刺激，人的眼睛、耳朵、鼻子、嘴、皮肤这些感官接触外界的刺激后会产生各种愉悦，这些愉悦会给人带来愉悦的心情，这种心情会在人的大脑中保持一定的时间。我猜测，快乐心情受一种快乐激素的控制，只不过现在的科学还没有发现这种激素，快乐激素分泌的越多，人的心情就越好。长此以往，人的性格就会改变。好心情还跟这个人的理想（爱好）有关，如果这个人都是按照自己的理想去做事的话，那么他就会感觉快乐，否则就会感到痛苦。

综上所述，幸福感主要取决于人的自身状况，而不是外界，也就是说，人生的个人价值主要取决于人的自身状况，而与外界的关系不大。因此，无论什么地位的人，无论穷人还是富豪，无论百姓还是高官，如果不是挨饿、受冻的人（生理因素），他们的人生个人价值都是一样的，并不是越有钱的人越幸福，地位越高的人越幸福。

如果说人生的个人价值有差异，这种差异只是爱心的差异、性格的差异、健康状况的差异、是否按理想做事的差异。

二、人生的社会价值

上面我阐述了关于人生个人价值的观点，从每个人的小自我出发来看，每个人的人生价值与外界的关系不大。但是，我们每个人都生活在社会之中，自己个人的生活会影响到其他人的生活，进而会影响到社会。因此，我们很有必要阐述清楚人生的社会价值。所谓人生的社会价值就是指个人的人生对社会的价值，即个人对社会的贡献有多少。一个人对社会的贡献多少，不是取决于这个人拥有多少的财富、地位。有金钱的人，如果他的钱来自于对他人的掠夺，那么他就是一个罪人。假设他的钱来的合法、合德，如果他把钱只是用于个人的享乐，而不是帮助他人，那么他对社会就没有任何价值。一个高官，如果他不为民做好事，而是以权谋私、贪污腐化、仗势欺人，那他就是一个罪人。如果他位居高官，虽然没做违法之事，但碌碌无为，那他对社会也没有任何价值。究竟什么人的社会价值大呢？这就看他对社会的贡献了。

一个人对社会的贡献大小，主要看他所做的事对其他人有多大的益处，包括物质的和精神的。像爱迪生、瓦特、爱因斯坦等科学家主要是给人类创造物质财富的，像贝多芬、达·芬奇、莎士比亚、托尔斯泰等艺术家、文学家主要是给人类创造精神财富的。这些人都给人类做出了突出的贡献，他们的社会价值是非常大的。做企业家的比如中国古代的范蠡，现代美国的比尔·盖茨，香港的李嘉诚等把自己的大量财富捐献给了社会，同时解决了很多人的就业，让很多人富裕起来，他们的贡献也是很大的。有人会说：你以上举的例子都是名人和有钱人，是不是名人和有钱人对社会的贡献都大呢？或者说，要想对社会的贡献大，是不是一定要成为名人和有钱人呢？

这里我们要全面地分析这个问题。首先要分析什么是名人。我们一般把出名的人称为名人。像古代的各个朝代的帝王将相在历史书中都有记载，他们怎么不算名人哪？但我们仔细分析就会发现，有些帝王将相给人类做出突出的贡献，像尧、舜、周公、岳飞、包拯等。而有些帝王将相却成了人民的罪人，像隋炀帝、秦桧、慈禧太后等。而像秦始皇、汉武帝、唐太宗等是非功过哪个更大就很难评价了。因此我们说，并不是名人一定是对社会贡献大的人。我已经说过，有钱人也不一定是对社会贡献大的人。如果说名人、有钱人他们有共性的话，他们的共性是：有很强的能量。当然，这种能量也可以理解为能力、天赋，我用能量表述是为了强调它是一个中性词，它既可以转化为好事，也可以转化为坏事。一个人的能量大，说明他有力量把事情做大。如果他是一个好人，去做好事，一定能把好事做大；如果他是一个坏人，他去做坏事，也能把坏事做大。我这里说的好人和坏人也同样是以对社会是有贡献还是有损害来划分的。

一个对社会贡献大的人，首先他是一个品德好的人，其次他是一个有很大能量的人，如：爱迪生、瓦特、爱因斯坦、贝多芬、达·芬奇、莎士比亚、托尔斯泰等。如果他是一个品德坏的人，却拥有很大的能量，会对社会造成严重的破坏，如：隋炀帝、秦桧等。如果他是一个品德好的人，然而却没有大的能量，他仍然是一个对社会有益的人。

三、如何选择人生的目标

我在前两段已经说明人生的个人价值是以幸福感的大小来判断的，所以在选择人生目标时当然以追求幸福感的最大化来作为主要目标。而幸福感主要取决于爱心、爱好、性格和健康状况，因此，我们可以把这四项作为我们人生的目标。但是，这四项内容并不具体，我们通常是以职业或事业目标作为我们的具体人生目标。如果从爱好、性格和健康状况内容来看，会有很多职业供我们选择，工人、农民、商人、官员、知识分子、艺人，等等。可以说社会上所有的职业都可以选择，只要不是违法的职业都可以。从爱好来讲，每个人的爱好千差万别，有人喜欢当官，有人喜欢艺术，有人喜欢科研，有人喜欢经商，当然也有人喜欢种地，你可以从喜欢的职业中去挑选。从性格来讲，只要是性格匹配的职业都可以选择。从健康状况来看，只有极其少数的职业会损害身体健康，而且这种职业还会给予特殊的照顾。因此，如果其他几项都符合你，这一点瑕疵是可以接受的。但是，如果从爱心的角度看，哪种职业适合，就得认真考虑了。爱心当然包括对大自然和人类的热爱，我这里讲的爱心重点是指对人类的爱心。如果你是一个对人类怀有炽热爱心的人，那么你就会是一个品德优秀的人，你就一定会努力地为人类做出巨大的贡献。你要考虑什么职业是对人类能够做出巨大贡献的职业。当然，做一个普通的工人、农民、个体户也能为人类做贡献，但是，这种贡献不能说是很大的。当然，为人类能够做出巨大贡献的职业也有很多种包括：科学家、社会学家（包括各种社科类专家）、高级官员、艺术家、企业家，等等。那么也要看你喜欢哪个，哪个职业与你的性格匹配。我说的这些高级职业虽然是好的目标，但是，如果一个人没有这样的天赋把目标定的很高不可能实现的话，也不是最佳的选择。

选择人生目标是以人生个人价值目标为基础，以人生社会价值目标为导向的，即以追求最大的幸福感为基础，以为社会多做贡献为导向。具体选择什么目标，要依据个人的爱好、性格、能力等具体情况而定。

勤奋、创新与细心会成就你的事业

我幼年时，我的父亲在他的教训之中常常引用所罗门的一句格言，“凡一生勤劳的人，他将站在帝王之前，而不是站在下等人之前。”从此以后，我认为勤劳是得到财富和名声的最好方法。

——富兰克林

伟大的成绩和辛勤的劳动是成正比例的，有一分劳动就有一分收获，日积月累，从少到多，奇迹就可以创造出来。

——鲁迅

一个人事业的成功与否很大程度上取决于是否做到了勤奋、细心、创新三个方面。一个人去完成一份事业就好像去盖一栋大楼。盖大楼时，第一重要的是有钢筋、水泥、砖瓦等原材料，没有原材料去盖楼简直就是空谈。还有就是，要使楼的功能达到最好、最新、最实用，来满足使用的要求，就需要完美的设计。要使楼的质量优良，就需要良好的施工工艺，只有认真、细心地施工才能保证楼的质量。这里我将盖大楼所需的原材料比喻为勤奋，设计比喻为创新，施工工艺比喻为细心。

一、勤奋

谁都知道“天上不会掉馅饼”这句话。一个天天发牢骚，怨天尤人，经常指责他人，自己经常以一副受害者受骗者的姿态出现在众人面前的人，是不会讨人喜欢的，此人也不会有什么好的前途。

现实中许多人都羡慕美国人、日本人的收入及物质生活方式，说起话来经常是：看人家的生活水平多高，你再看我们这，简直是一个天上，一个地下。那么，这些人想到过人家为什么富裕没有？他们并不是神仙，人家是用双手干出来的。因此，要想富裕，就得去干活，靠勤奋来挣钱。

从事体力劳动的人，他的劳动成果与他所耗用的体能及时间成正比。而从事脑力劳动的人，他的劳动成果与他的精力及时间不是成正比的。一个科学家，从他离开大学校门的第一年算起，第一年所搞出的科研成果可能很少，或没有什么成果，当他工作了几十年之后，他可能有一个很大的发明或是发现。也许他是在工作了50年之后有了一项重要发明，而在他工作30年的时候，根本没有什么重大成果发明。这是因为脑力工作者需要大量的知识积累，如果达不到一定的知识积累，就根本无法适应这一工作，或取得某项成果。当一个科学工作者适应了一定的工作之后，如果时间增长一倍他的成果及成绩可能要增长两倍、五倍甚至更多。

在各行各业中都有类似的例子。如在商业界，一个人经商，他第一年挣到10万元，第二年挣到50万元，第三年可能挣到200万元……在艺术界一个画家，他的画在开始的第一年里一幅画可能价值100元，第二年值500元，第三年可卖2000元，第四年……如果出了名，他的一幅画可以卖到几十万元。以上的例子可以用数学公式来代替。体力劳动者的公式为：$y=ax$。y代表劳动成果，a代表体力，x代表时间，是一个完全成正比的数学公式。脑力劳动者的公式为$y=a^b \cdot x^n$。y同样代表劳动成果，a代表的是能力，b代表的是对本工作的知识水平系数，x同样代表时间，n代表的是工作适应系数。b全部大于0，n有可能小于0。当这个工作不适合他本人干的时候，$n<0$，他所做出的成绩在一定时间内实际为负数，总成果会越来越小，即随着时间消失。这就是我们经常遇到的，某某人做经理不合适，不但没有给公司创造利润，反而使公司大大亏损。如果

对某人经商投入了一定的本（可用 c 代替），那么这个人的公式为：$y=a^b\cdot x^n-C$ 等同于 $y=a^b/x^{-n}-C$，大家可以计算一下，时间越长，他的成果就越小，最后 $y=0$ 把本全部亏掉。所以说，从事脑力工作的人一定重视自己是否适合这一个工作，当自己的能力适应这一工作之后，才能开始从事这一工作（使 $n>1$）。$n=1$ 就说明你从事的这一工作基本适合了你，你的成果跟时间成比，当 $n>1$ 时，就说明你从事的这一工作很适合你了，时间增长一倍，成果增长得要超过一倍。可以用三个图示表示这些含义：

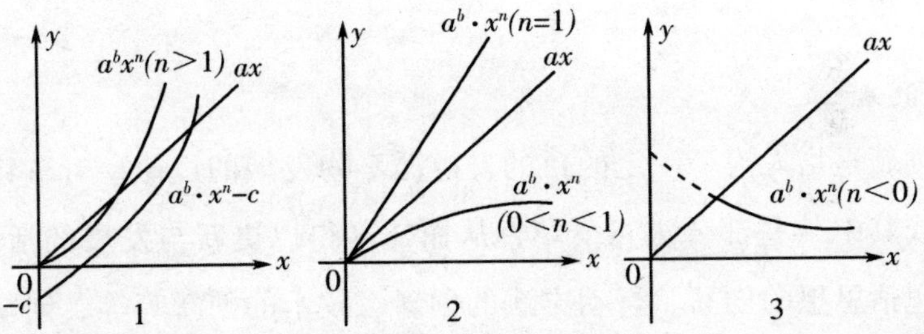

从以上几个图可以看出，我们都愿意选图 1 表示的含义。如果 $n<1$，某项工作不适合这个人干，这个人所做出的成绩还不如一个体力劳动者所做的多。从 $y=a^b\cdot x^n$ 这个公式来看，我们都要极力去增大能力和知识，$b=1$ 即代表知识不足，就相当于体力劳动了。$b>1$时成果 y 就会增长得很快。这就是我们从事脑力劳动的人为什么要重视知识的原因。这个数学模型可以给我们许多启示。告诉我们去重视哪些因素。通过以上几个公式，便说明了什么是勤奋，为什么勤奋，以及如何去勤奋了。勤奋，就是要增长知识水平（b），提高自己的能力（a），多花一些时间（x）。有了这三个大要素，你的成功就有了足够的把握，还有一点就是你的能力要胜任这一工作，归根结底就是你的能力和知识是最重要的两大因素。而能力的提高最终归结为某一项工作的经验及知识的不断丰富与掌握。“学习、学习、再学习”，“提高、提高、再提高”，“勤奋、勤奋、再勤奋”。著名英国作家哈代说：“可以说成功要靠三件事才能赢得：努力、更努力、再努力。”我们要永远记住这句话，时时提醒我们奋发向上，它就是我们成功的座右铭及秘诀。我奉劝大家，如果你的 $n>1$ 就表示已适应了这项工作，就不要轻易改变这项工作，如果改行会对个人产生严重的损失，需要重新对新行业学习。很长时间才能适应。你应该对已经适应的工作进一步提高自己的能力，丰富这一行的经验，可能的情况下，从事他十年甚至几十年，那么你的成果可想而知！

二、创新

创新是指人为了一定的目的，遵循事物发展的规律，对事物的整体或其中某些部分进行变革，从而使其得以更新与发展的活动。创新包括思想的创新、行动方法的创新、技术的创新等等。创新是以思想（思维）的创新为前提的。一个人只有具备了创新思维，才可能有创新能力。创新能力指人在创建新事物的活动中表现出来的潜在的心理品质。

最近一百年来，我们人类社会为什么发展的这样迅速，究其原因是科技的进步给我们带来的成果。而科技的发展处处体现了人类的创新能力。可以说没有创新就没有我们人类的今天。那么，对于个人的发展，创新能力同样是非常重要的。一个没有创新能力的人，即便他多么地勤奋，多么地付出辛苦，也不可能有太大的成就。就拿一个普通的农民来说，如果他是使用普通的农具（锄头、镰刀、铁锹等），即便他是多么地辛勤耕作，一年到头也不会有太大的收成。如果在农具上进行创新的话，采用机械化的耕种设备，那么他的收成就可以提高十倍或几十倍。我再举一个做生意的例子。一个北京郊区贩运西瓜的商贩，如果他只知道从郊区向市区贩运，那么他就不可能获得很大的利润；如果他稍微在思想上创新一下，从更远的地方（比如河北省）贩运，那么他就可以获得很高的利润。可见，创新对一个人的发展是多么的重要。无论你是一个什么样的人，也不论你是从事什么职业的，创新对你的效率、效果都是至关重要的。如果你从不考虑创新，每天都是按照固定的方法、固定的程序去做事的话，那么你的工作效率就不可能太高。你做事的环境及条件总是不断发生变化的，因此，你就应该顺应这些变化。你只有不断地更新工作方法，才能适应这些变化。

我看到有许许多多的人，看起来每天都在忙忙碌碌地工作，但就是成绩平平，究其原因就是缺乏创新的缘故。而绝大多数人没有认识到他们的平庸几乎完全归咎于缺乏创新。这些人并不是智商低，也不是根本没有创新能力，而是没有创新的意识，或者说从来没有重视过创新。虽然有些人没有创新能力，但是，创新能力也是可以培养和训练的。如果一个人想要有更大、更好的作为，首先要重视创新。只有重视了创新，才能提高创新能力，把创新能力更好地应用到工作中去。

三、细心

安全第一，这句话，不论在企业，还是对个人的生活都是非常重要的。这句话，已经家喻户晓。这句话还有它的引申意义，那就是干任何事情应该把不出错误放在重要位置。对个人的要求应该仔细、认真不能马虎。俗话说，千里之堤，毁于蚁穴。做事情时，你可能有九次都做对了，但就第十次因为马虎出了错误，那么你的前九次都可能因为这一次而前功尽弃。如果你在做一件非常重要的事情，哪怕是一点点很小的疏忽，这件事情就可能功亏一篑。

应该说一个马马虎虎的人是成不了大器的。也没有大的培养价值。一个人的能力很大程度上体现在做事的仔细及细心程度上。如果有人说“这个人能力很强就是有点马虎大意”，那么这句话就错了。一个能力强的人首先做事应一丝不苟、仔细、认真、几乎不出错误。

我在前面已经讲了盖大楼的例子，施工工艺决定着大楼的质量，也就是说，细心决定着产品、服务甚至事业的质量（好坏）。企业离不开产品和服务，产品和服务的质量取决于工作的细心、认真程度。

来我们公司的人，要对他们训练做事细心、认真的基本素质。对因为马虎给公司造成损失的员工，处罚非常严厉。造成的损失，全由个人承担，而且不允许出现两次同样的错误，这一点，在我们公司的各项制度中体现得比较明确。特别是财务制度中体现得尤为突出。

要想做事仔细不出错误，首先应该想到此事的重要性，如果因为马虎，出了错，会引起哪些后果，这个后果会严重到什么程度，以及如何去补救。如果每做一件事情都这样去想一想，恐怕马虎的时候就会少了。对于这个能力的训练，应该有一套系统的方法，由专人负责设计，我这里不再细讲。

做老板不一定代表成功
——事业成功的评价

衡量一个人是高贵还是低贱，要看他具有什么样的品质，而不看他拥有多少财富。

——比彻

是不是当了老板就是一个事业的成功者呢？我的看法：不是！事业的成功与否，不能单纯从金钱的角度去衡量，而是要综合地分析。

每个人都有自己的事业心，绝大多数人都想拥有自己的公司，想成为老板。事实上，由于现实中的市场竞争环境以及个人经济实力所决定，不可能每个人都能成为老板，而只有极少数人能成为老板。成为成功老板的条件要求是很多的，能力是一个极为重要的因素，但不是唯一的条件，机遇和外部环境，可能更为重要。能力和机遇两者是相辅相成的，有能力的人有时在等待机遇的到来，有可能一辈子没有得到机遇。有了机遇，如果个人能力欠缺，照样失之交臂。可能还有一种机遇：任何人只要一遇到就能轻而易举地实现目的。有能力的人，可以寻找到更多的机遇，或者创造机遇，但后者是一个难度很大的事情。成为老板的机遇，条件则是非常难寻的。但事业成功的机遇不难寻找，成功不一定是当老板。

在我们公司，有许多人，自己干了二三年以后，就觉得自己学到了东西，可以当老板了，就辞职单起炉灶去了；结果有的人挣到了一些钱，却有相当一部分人比较艰难，觉得还不如在公司继续上班了。挣了一些钱的人也是凭借前几年的大环境机遇。但这几年大环境不佳，面临着下一步干什么的问题。有的人，转行不知所措，干脆炒起了股票……我看这种做法很危险，股票很大程度上依赖于“手气”或“运气”。而赌博也是依赖于“手气”或“运气”。

如我所说，以上当老板的人，如何一直保持自己是老板，要比当老板更难。所以说，当老板难，而保持自己一辈子是一个成功老板是难上加难。

是不是当了老板就是一个事业的成功者呢？我的看法：不是！事业的成功与否，不能单纯从金钱的角度去衡量，而是要综合地分析。首先最重要的因素是幸福感程度，再者就是稳定安全感、声誉、家庭的和谐程度、威信、个人的影响力等。如果从以上几项指标看，事业的成功与否，许多老板都达不到，不能称为成功者。

当前，许多老板见面或打电话，第一句话是“你忙吗?”，“我太忙了”，“我太累了”。也许是创业期的老板，大多是这样吧。而老板一开始创业的时候，都先想买一套房子，买一辆车，让家庭更幸福，想有了钱之后轻轻松松地生活，或者什么也不想干了，天天玩。而真有了钱之后呢，最希望做的并不是买房或买车，而是再挣更多的钱，把钱继续投下去。所以当老板太累了。

老板有大小之分，在街上摆一个摊，雇上一两个人，自己也可以称为老板。而一个拥有几亿、几十亿美元的大集团的董事长，也是老板，两者差距太大了。雇员的差距也是很大的，建筑队的小工，一个月收入几百元钱，而大集团的总裁、总经理年收入可以是几百万、几千万美元。如果这样来选择，是做老板还是做雇员，恐怕很难决定。

老板，不是随意选择的。有的人天生就是老板，是他父母留下的或别人给的财产，个人可以坐享其成。他的财富可能是几辈人共同创下的基业。

我希望来我们公司的人，先作一个踏踏实实的好雇员。将来有机会，条件成熟之后，可以做一个成功的老板，这是我们希望的。

决不可以不管周围的条件和其他各种因素，而非做老板不可。来我们公司的人，不仅教会他要做一个好雇员，而且训练提高他们做一个老板所需要的能力，但并不是有了能力就一定做老板。

我更重视如何塑造事业的成功这一条途径。同样能力的人，在外可以做一个老板，在我们这里可能是一个雇员，但他的事业上成功程度要超过这个老板。即使从单项指标——金钱来看，我们这个雇员也可以超过这个老板。这就是我们的个人事业塑造之目标。

我们凭什么能达到这一目标呢？这首先决定于我们公司的整体机制，关键是决策者的用人之道。我们用之长处，避之短处，长短互补，长长叠加的基本方法。这样，就能有效发挥个人的能力。假如有 10 个人在一起干，就会发挥出相当于 20 个甚至更多的个人能力之总和，在此基础上按劳取酬，就能取得超额回报。

第四部分

善待他人

我在上一部分中讲到，不论一个人的目标和行动是什么，最终只有一个终极目的，那就是获得幸福的感觉。但是，我们的一切行动绝不能随心所欲，不能凭“感觉”做事，不能不顾及其他人。我们每个人都生活在社会群体当中，都不是孤立存在的。人与人之间经常接触，一举一动都会影响到对方。因此，我们的任何行为都应该遵循一定的准则以免使其他人的情感受到伤害，这个准则就是道德规范。

道德规范既是每个人的行为准则，又是人与人交往所遵循的准则。我们身边有亲人、朋友、同事、陌生人，甚至还有敌人。人与人之间的关系，有的是领导与下属的关系，有的是老板与雇员的关系。如何和他们相处，同样关系着个人的切身利益和幸福。我在此做了总结：每个人都要以爱、诚信、宽容、平等、谦恭的姿态去对待其他任何人，其中也包括你的敌人。这种观点与孔子讲的“恭、宽、信、敏、惠”比较接近。只有这样，你才能很好地适应社会，才能得到真正属于你的幸福。否则，你在社会上会到处碰壁，得到的只能是痛苦。

如何对待朋友、亲戚与仇人

——从我的亲身经历谈起

一、对朋友

多一个真正的朋友，就多一块陶冶情操的砺石，多一分战胜困难的力量，多一个锐意进取的伴侣。

——培根

有很多良友，胜于有很多财富。

——莎士比亚

仁爱的话，仁爱的诺言，嘴上说起来是容易的。只有在患难的时候，才能看见朋友的真心。

——克雷洛夫

一个人不可缺少几个好朋友。每个人都有各种各样的朋友：有的经常在一起玩，有的是同事，有的是同学，有的朋友可能一年也见不到一次。有的朋友可能在你经济困难的时候帮助过你，有的朋友帮你办过你办不了的事，也有的朋友给过你精神上的安慰与鼓励，甚至有的朋友在你做错事的时候打过你两个耳光……

自古至今在人们的闲谈话语中，对“朋友”二字讨论占用了很多的时间，引出许许多多的话题。诸如大家经常听到的“某某人够意思，够朋友”，“某某人不够意思，不够朋友”。你也许会听到“某某人救过我的命”。总之，朋友在个人的生活中占据了很重要的位置。你的事业成功与否很大程度上取决于你交了什么样的朋友。

生活中有许多这样的例子：你的生意成功是因为得到了你朋友的一个可靠信息，或者，你的朋友说了一句话使你避免了几十万、几百万的损失。

几年以前，有个客户（两个小伙子）欠我们公司五万元钱，开始想拖延不给，我跟他们在闲谈之中了解到他们有一项防水工程要做，他们没经验，工程承包方给的价较高，马上就要签合同了。我跟他们俩说："如果你们把我当成朋友，这项工程我可以让你们节省五万元，但你们必须把欠我们公司的钱还给我们"。在此同时我给他俩讲了"朋友"的重要性以及如何交朋友。他俩最终同意了我的观点，当时就把钱还给我了。过了几天我给他们介绍了一个新的工程承包商，他们确实省下了五万元以上。工程做完后他们两个特意打电话请我去吃饭。再过了一年，他们俩又签订了一栋大楼的租赁合同，准备装修后做写字楼，他们向我咨询，问是否能行。我当时合算了一下，成本太高，写字楼在小区内，不临街，而且楼太大，一万多平米，我表示不可行，他们就没有继续干下去，后来就退掉了。他们总算没有赔太多，否则有可能使他们公司倒闭。我后来知道他们接的楼就是我们公司一个部门经理的亲戚单位的，她亲戚就负责这个大楼项目。世界就是那么小，这件事虽有点戏剧性，但一点都不奇怪，生活中这样的例子太多了。这件事，如果当初我们不是成为朋友而是成为对头，后果又是怎样呢？这里讲的是生意中遇到的普通朋友的一个例子。在生意中需要真正实实在在的朋友，你要永远记住在生意中真心实意帮助过你的人，因为生意上的伙伴能成为朋友是很难得的。

要想拥有更多更好的朋友，就要懂得如何交朋友。不是靠在酒桌上吃吃喝喝，说上几句感人肺腑的话，表表对待朋友的决心就能交到知心朋友的。我这里只说说我个人的一些看法。首先，应先为别人着想，先帮助别人。在陌生人或一般人面前，自己失去"一两”，别人得到“一斤”的事要做；成为朋友了，自己失去“一斤”对朋友来说得到的超过“一斤”的事要做。当然生活中不可能对某件事的重要性能做出如此准确的评价。这里所说的“一两”，是说对个人来讲此事很容易做到，“一斤”意思是对另外一个人来说此事很重要。如果你没有帮助过这个人，即使这个人曾经帮助过你而且愿意成为你的朋友，那么你也没有资格拥有这样的朋友。你可以对外吹嘘你有一个好朋友，但你没有资格讲你是这个人的好朋友。对待朋友，应该首先肯付出，不要只想着我能从他那得到什么样的回报，像做生意一样，总考虑是否能收回本。如果这样想，你不可能交到真正的好朋友。因为人是有感情的，“人之初、性本善”，你如果真心实意地对待这个人，我想这个人不会无动于衷。忘恩负义之人，历来都是社会所憎恨的。古人说“得道者多助，失道者寡助”，“君子报恩十年不迟”。你的父母把你养大，我想，你的父母不会心疼养活你花费了多少精力和物力，也不仅仅是为了给他们养老送终。主要是因为他们喜欢你、爱你。

对待朋友应该多一些宽容和忍让，多一些信任，千万不能有无证据的猜疑。即使你有了证据，证明你的这个朋友做了对不起你的事，但也要分析他是在什么情况下做的这件事，你如果不明白，你应跟你的这个朋友面谈，问清楚原因，也许他是迫不得已才做的。一般情况下，他没有严重伤害到你的尊严和你的人格，是可以原谅的。两个人在一起时间久了，难免会发生一些误会和小的磕磕碰碰。两口子在一起还经常闹矛盾呢。有了矛盾互相体谅一下就过去了。如果因为一件小事，把多年交往的朋友拒之门外就太可惜了。“人总要为自己着想”，这也是人的天性，亲兄弟在一起为了各自的利益还争一争呢，朋友亦然。争要分场合，看怎样争？如果两人在一起做生意，应该“亲兄弟明算账”，事先说好如何分配利益。假如和原来说的不一样，是应该争一争讲一讲，但如果对方确实有某种理由认为他做得对，如果依照他的说法，你的利益可能少了一些，再争下去，就会伤了和气，就依他说的又怎样呢？这次你吃点亏，下次没准他多让你一些。这就是我说的“对待朋友应该先抱有肯吃亏的态度”。

有这样一种人，在与人的交往中总觉得自己聪明，把对方看得较傻，事事都想从中多占一些便宜，他不感觉是对方让着他，而是认为他比对方聪明，以一种获胜的感觉自居。这种人跟我前面说的正好相反，其实这样的人才是真正的傻瓜。生活中有许多像这样的人，到头来没有真正的朋友，甚至熟人都不愿与他多接触，这样的人只能找陌生人去耍一耍小聪明。我有一个熟人，在二十几岁的时候大家觉得他很聪明也很能干，应该说他是很有能力的人。但就是在与人的交往中，喜欢占一些便宜。与别人合伙做生意时，喜欢当头做主，分利益时总是加大成本，少算利润，最后合伙人不但没有赚到钱反而亏一些钱。到头来，一个合伙人都没有了。现在来看，这个人的事业并不怎么好。熟人都远离他了，他没有朋友的帮助，也当然失去许多商业信息，这才叫“聪明反被聪明误”，失去朋友就等于失去了财富。

看一个人是不是可交，首先应看他是不是一个有责任心和有爱心的人。有的人连自己的父母都不养，老婆和孩子全不管，这样的人是不会成为你的好朋友的。你做得再好，也不会超过他的父母，他连父母都不管了，怎么会管朋友的事呢？这个道理再简单不过了。即使这个人在朋友面前表现得如此这般的感人，那只不过是演的一场戏而已。对于责任心和爱心来讲，一般老大比老小要多一些，起码老大有照顾他弟弟妹妹的经验。但并不是老小都缺乏爱心和责任心，每个人所处的家庭环境不同，性格不同，受的教育不同，爱心和责任心大小当然也完全不相同。

真正的知心朋友，是在生活中遇事之后考验出来的。两个人在生活中没遇到过任何一方求助之事，即使两个人关系再好，也不能算真正的好朋友。只有一方有难的时候，另一方不惜牺牲自己的精力、财力冒着危险去相助的人，才能算是真正的好朋友。生活中有许多例子，当一个人有权、有钱的时候，一大堆人围着转，称兄道弟，朋友长朋友短，似乎朋友很多。但当这个人有难，不再有钱或者有权的时候，这一堆人就谁也不露面了。这难道说是朋友吗？也许这时真正出面帮他的人，反而不是经常出现在他面前的所谓好朋友，而是他从没有注意到的人。当然，他的那一大堆“朋友”里面，也许会有一、两个会出面帮他的。因此，前面那个他意想不到的人和这一两个危难时帮助他的人，才是他的真正朋友，其他人不能算作真正的朋友。英国的德莱顿说：“当我们从富翁沦为穷光蛋时，困境会告诉我们谁是知己，谁是势利小人。”

二、对亲戚

中国人把亲情看得很重，这跟中国的历史传统有关。中国人讲究家族的大小，看重家族兴旺的程度，家族的兴旺跟个人的命运紧密相关。这在古代表现得尤为突出。随着时代的变化，农村大量向城市迁移，进了城市之后，家族观念慢慢淡化了。这是因为城市的居民居住较分散，而且职业的差异很大，联络也少了。从起名字上能看得出，城市里名字可以随便起，在农村就得随辈分。

我生长在农村，受家乡老的家族观念的影响较大，家族观念还是很强的，把亲情看得较重。当初下海为了多挣点钱，目的是为了让父母在劳累了大半辈子之后，晚年能过得好一些，同时能给弟弟妹妹们减轻些负担。后来成立公司时，很大程度上是为了多安排一些老家的乡亲，让他们能有一个工作。公司不挣钱没关系，只要不亏本就行。前几年我从下海到办公司，那时的干劲哪里来的？我当时脑子里想的不只是我个人的小家庭（妻子孩子），而更重要的是家乡的父老乡亲们，让他们都能富裕起来。如果单是为了小家庭，我也可能早就不干了，够吃够喝有地方住就行了。因为我看到老家太穷了，那么多的孩子都长大了，人均一亩地，没地种，文化又没有多大，工作找不到，怎么去挣钱娶媳妇，又怎么养家呢？应该为他们着想一下。虽然这几年中间我们公司有几个乡亲犯了错误，令我伤心，但直到目前为止，我还是想着老家的乡亲们。我也很想帮助那些失学儿童及残疾人，但如果连自己的乡亲还生活在水深火热之中，又何谈去帮助这些人，更谈不上为社会做事。

如果一个人不仅仅是为自己活着，那他的动力就会更大，生活就会更有意义。我这里写的并不是口号，而是亲身的感受。

回顾这几年的历程，我的确为乡亲们做了一些事，但有许多人可能不理解我的所作所为。有的犯严重错误的人，在被辞职时就不明白，如果改正了错误不就可以留下继续干吗？为什么非得辞退呢？还有的人想当经理，让我给他次机会试一试，被我拒绝了，他也不理解。有人说“我们是乡亲和其他人不同，应该特殊对待”。这里应该明确一个长远利益与眼前利益的关系问题。我可以不积累资金，可以把当年的盈利全部分掉发工资，那么不扩大规模，始终就是以前的老样子。也可以全让乡亲担任公司的所有重要职务，那么公司会搞成什么样子，能发展壮大吗？发展不起来又何谈安排更多的乡亲。如果乡亲和其他员工不平等对待，那么别的员工又怎么有积极性呢？公司又会是什么样子？

也有的乡亲在我们公司干了二三年之后，觉得自己学到了本事，自己去当老板了。成功的人我确实为他们高兴，虽然不给我们公司干，但他自己脱贫了，他是我的乡亲，挣了钱，我很高兴。也有的乡亲干了二三年之后，也学着去当老板，但时机已过了，当然与个人的能力也有关，还没有到出师的时候，翅膀还没硬，我真怕他们摔倒，当然也为他们着急。

以上离开我们公司的人，基本上都是比较能干的人，能吃苦，肯动脑的。我喜欢这样的人，憎恨那种游手好闲、大钱挣不了，小钱不愿挣，吃苦的活不愿意干的人。这也许是我个人的偏见，但我看不起这样的人，这样的人我真的不愿意管他的事，包括找工作。

在乡亲中我有个规矩，对做生意的人不借钱。这是因为做生意有挣有赔，不挣钱可以，但不要赔钱。只要有地，生活就可以维持。乡亲中赔钱的人太多了。把钱借给他让他赔，还不如不借。他即便有能力，我不相信他运用资金的能力比我强。

家庭有困难的乡亲可以借钱，如亲人有病、孩子交不上学费，等等，借钱的数量以基本够用为准，同时也应向其他人适当去借一些，我不能全包。不能养成这种自己不去挣钱，依靠别人的习惯。我以上说过，我讨厌那种自己有手有脚，不干活，不愿吃苦的人，这样的人基本上什么困难我也不愿管。

我是一个要求严格的人，越是亲近的乡亲我要求得越严。公司里的乡亲也不少，在职务安排和工资的待遇上我一视同仁，和其他的员工完全一样。在工作作风及业务提高方面要求得更严，不允许出错误，出了错误的人，处罚的力度比其他员工更大。因为他是我的乡亲，我希望他更有出息，不希望他给我丢脸。在职业道德方面，我希望我的乡亲能带个好头，成为公司学习的榜样，决不允许他们在职业道德方面出问题。出了问题不但会影响到公司的其他员工，甚至会影响到所有的乡亲，对这样的人处理起来毫不留情。

今后来我公司就职的乡亲，与其他人一块面试平等竞争上岗，不能因为是乡亲马马虎虎就算了，同样的学历，同样的能力情况下，可以优先推选乡亲，但条件稍差一点都不行。这要在考核及评价方面认真把关。只有这样才能保持公司的发展势头，才能保住大多数乡亲的长远利益。不能因为一两个乡亲而影响到全局。

在公司，因为损害公司的利益犯了法的乡亲同样依法办理，该送法庭的送法庭，该送公安局的送公安局。

三、对仇人

敌人一个也太多。

——赫伯特

要这样生活：是你的朋友不致成为仇人，是你的仇人却成为朋友。

——毕达哥拉斯

我认为，能有永远的朋友，没有永远的敌人。多一个朋友多条路，多一个仇人多座山。因为没有把握住尺度，若一个人对另外一个人做了伤害了人格和尊严的事，此人就会成为这个人的对头或是仇人。如果一个人做错了事，已经伤害到对方，应尽量挽回局面，去主动承认错误，去赔礼道歉甚至可以去赔偿某种损失，是可以化干戈为玉帛的。被伤害者应当尽量给前者提供改正错误的机会。如果前者做得好，改正了错误，受伤害者应给以原谅。如果以前是朋友应尽量恢复到以前的朋友关系。或者前者虽没有主动改正错误，但受到了某种惩罚，以后也不要把对方看成仇人或是对头了。如，一个人犯了罪，被判了刑，同时自己意识到后悔了，受伤害者对出了狱的人不应该再视为仇人了。以前是朋友是亲戚的，虽不能恢复到以前的关系，起码可以当普通人看待。如果此人是亲戚，不能因为他犯罪而影响到与他家的人正常亲戚往来。

如我们公司有极少数人，过去曾犯过错误，严重违反了公司的制度，被公司开除了。这些人都受到了严肃的处罚，有的人还主动承认错误，当面道歉。这里受到了处罚又承认错误表现较好的，可以恢复到以前的亲戚或朋友关系，已受到了惩罚，但没有主动回来承认错误和道歉的，我们也不视为对头，当成普通人算了。如果有的人不认为自己有错，反而把我们公司当成仇敌，那他就错了。即便有这样的人，如果不危害到我们公司的利益我们也不管他，人不犯我，我不犯人，但我们不首先把对方当成仇人或是对头看待。我们绝不会首先找别人的麻烦，也不会给对方制造任何不利因素。我们也可以给这样的人一些机会，让他主动回到这里来，我们帮他纠正以前的错误认识。确实有的人想回到公司来认错，但顾于面子，不好意思来，如果来了，我们大家都是欢迎的。

即使以前是对头的两方，应尽力化解怨气，冤家宜解不宜结。争强好胜是积怨的罪魁祸首。两个人吵架，如果一方总想提高嗓门来压倒对方，那么这个架就会越吵越厉害；如果两方均放低嗓门，这个架就吵不起来了。一方首先大度一些让一下对方，别人是不会耻笑的，相反是会嘲笑得寸进尺的一方没修养。这里不是战场，没有必要分出谁胜谁负。再说胜了能代表什么？负了又能损失什么？矛盾得到了化解才是胜利，否则双方都是失败者。

如果你把一个人当成你的朋友去对待，他一定能成为你的朋友，如果把一个人当成敌人对待，那么他就会成为你的敌人。你用爱心去感受这个世界，你会觉得这个世界很可爱，你用憎恨去对待这个世界，你会成为这个世界上可憎之人。

讲诚信有用吗

轻千乘之国，而重一言之信。

——孔子

守信用胜过有名气。

——西奥多·罗斯福

失去了信用的人，就再没有什么可以失去的了。

——绪儒斯

失去信用是一个人的最大损失。

——约·克拉克

为什么具有百年历史的同仁堂一直将诚信作为企业文化的核心内容，非常值得我们研究和深思。中国人讲诚信已有几千年的历史了，孔子就把“信”作为德的重要内容。诚信简单地解释就是以诚相待，信守诺言。这两个字说起来容易做起来难。现在的市场经济秩序不是那么规范，道德规范不健全，讲诚信的人少，而说假话的人多。难怪有人说西方国家的企业规模大是因为西方国家诚信指数高，而中国的企业规模很难做大是因为诚信指数低。其实，中国人的古老文化传统是非常讲诚信的，难道在我们这一代就完全变了吗?其实不然。原因是我们实行市场经济的时间短，很多人在这样的经济条件下，价值观发生了很大的变化，由人本主义变成了拜金主义。有些人认为，只要是能挣钱，怎样做都不可耻。许多人不再认为讲诚信能带来经济价值。这是价值观发生了扭曲所产生的结果。

从短期看，讲诚信是要付出昂贵成本的，是亏本的事。这样的事在所谓经济头脑聪明的现代人看来似乎太傻了，快速致富才是他们想要的。这就是为什么假货充斥着整个的商品市场，说假话、吹牛的人成了生意场上名角的原因。但从长远看，假货迟早会被依法取缔，说假话的生意人也没有最终的成功，而讲诚信的企业将会稳步发展，讲诚信的人越来越受人尊敬，人们将越来越关注诚信二字。

诚信是做人的基本道德规范。不但每个人应做到诚信，企业、机关、团体甚至一个国家也应该做到诚信。不仅企业中的领导人应做到诚信，企业中的员工也应该做到诚信。不讲诚信的人，不可能有朋友及合作伙伴。假如男女两人谈对象，一方不讲诚信，就不会成为夫妻，再如，甲乙两人合作创办一个企业，一方不讲诚信，这个企业迟早就会分裂。

大多数人往往说别人怎么不讲诚信，而意识不到自己也同别人一样，认为讲诚信是别人的事，而自己一贯是正确的，这是一个严重的问题。经常听到的是别人怎么做对不起他的事，而很少听到他对不起人家的事。我在招聘中就经常听到有人滔滔不绝地讲他以前的每个老板怎样不讲信用，好像是他的老板没一个是好人，而他始终是一个受害者。这样的人难道真的是一个受害者吗？他就没有一个好老板吗？我倒觉得他才真正有问题。

一个企业讲诚信，不仅仅是老板的事，企业中的所有人都应该讲诚信。当然，老板个人的品德会对企业产生至关重要的影响，也会影响到整个的企业文化的建设。首先老板应对员工讲诚信，说过话要算数，要实现诺言。比如给员工的工资和提成，应说到做到。我经常听到有的老板在高兴的时候，随便说一句："好好干，五年以后公司会奖励你一套房子。"这个员工会信以为真，五年以后员工问起这件事，老板则矢口否认原来说的话，这就叫不讲诚信。在此我也要说，员工也必须讲诚信。我也遇到过这样的员工，在应聘时说得很好，一切听从公司的安排，工资很满意，但过了转正期就大变了，一则要求换更好的工作，二则要求加薪，不满足就混，而加薪后呢，过不了两个月，又提出新的加薪要求。还有的员工，在入职时对协议书完全认可，转正后又提出协议之外的要求，这样的员工就叫不讲诚信。说过的话算数，而签的协议更应该双方遵守，这是基本的道德规范。

一个好的企业，应该人人讲诚信，做到以诚相待，以信服人。

忍让与尊严

宽恕人家所不能宽恕的，是一种高贵的行为。

——莎士比亚

宽恕绝不是姑息错误和软弱，而是一种坚强和勇敢。

——周向潮

生活中有许多这样的场合：你打算用愤恨去实现的目标，完全可以由宽恕去实现。

——西德尼·史密斯

自古中国人就把忍让作为一种美德。俗话说“退一步海阔天空”，“小不忍则乱大谋”。朋友之间相处，首先重要的是能忍让对方，夫妻两人在一起，最重要的一条也是要容忍对方的缺点。一个有教养、有涵养的人应具备这条素质。如果缺少了这条素质，他就不可能有真正的朋友，看谁都是他的敌人。

不但国家有尊严，而且每个人都有尊严、团体也有尊严。尊严的概念这里不详细叙述。尊严在人的精神世界中占据最重要的地位。忍让与尊严本身是对矛盾。忍让是有度的，如果超过了一定的度，就会伤害到尊严。比如两个人吵架，如果对方说的话比较难听，还不至于发火，如果说对方开始骂人了，你还能装作没听见吗？

作为一个国家，它对这个国家里的个人、团体的忍让范围限定在一定的道德范围以内，它的尊严是用法律来维护的。触犯了法律，就是伤害了国家的尊严。作为一个公司，它可以容忍个人犯一定错误，但不能损害公司的尊严，它是用制度来维护公司的尊严的。谁违反了公司的制度，就是损害了公司的尊严，违者必究。

在我们公司，我更看重公司的尊严。我也忍让过犯了这样那样错误的许多人，但伤害到公司尊严的事情，决不能容忍和姑息。如，我开了许多次会，又制定了制度，强调决不允许公司的员工贪污、做假账，就是有人明知故犯，和公司对着干。对于这样的人处理起来我会毫不留情。假如对此事草草处理，以后还会出现此事，公司的制度有何用？开会又有何用？公司的尊严在哪里？

两个人处事，都应首先想到会不会伤害到对方的尊严，遇事首先应该忍让。如果对方侵害了你个人的利益，但不至于伤害到尊严，是要忍让的。你可以告诉对方，说服对方停止对你的侵害，甚至可以给对方警告。如果把以上可以忍让的事情，当成了对方对你尊严的侵害，你肯定会做出反击，也肯定会侵害到对方的尊严，那么你就犯了错误，违背了道德，甚至犯了法。在生活中有许多类似的例子。

如果你的朋友因为没有借给你钱，也可能说你是个游手好闲之人，钱借给你怕你还不上，你就把此事当成侵犯了你的尊严，你便想办法骗对方的钱，这就犯了大错。你不但违反了正常的道德标准，侵害了对方的尊严，同时你也犯了法。如果对方起诉你，送你进监狱是完全对的，这叫恶有恶报。如果对方确实侵害了你的尊严，比如说他骂了你，你可以反击，但也应该在法律许可的范围内，或者用法律的手段来制裁对方。比如说，你可以骂他，如果他打你，你可以正当防卫，也可以打110把他抓走。

一个国家，为了国家的尊严不受别国侵害，不怕流血牺牲。那么一个公司的尊严也是如此，为了尊严可以不惜一切代价。尊严是靠实际行动来慢慢树立的，不是吹出来的。首先应自重、自我约束，最基本的应做到说话算数，实事求是，决不能有半点欺骗。公司领导及员工说过的话应当算数，公司制定的制度应当遵守，不但员工遵守，包括老板也应遵守。总之我们不应乱讲话，只要讲到的话都应算数，信守诺言是我们最基本的尊严。

善有善报，恶有恶报

在恶行未成熟以前，行恶的人总以为自己干得天衣无缝，但等到恶行成熟时，行恶的人便尝到不好的后果。

——释迦牟尼

交善人者道德成，存善心者家里宁，为善事者子孙兴。

——方孝孺

幸福不是奖赏，而是结果；苦难不是惩罚，而是报应。

——英格索尔

恶有恶报，不一定是受到某种外在形式上的报应。他本人的良心谴责、精神痛苦以及来自社会各个方面的不利回应，都应该看成是对他的报应。善有善报的道理也一样。

俗话说，善有善报，恶有恶报，为什么有的善人没看到善报。有的善人生命就那么短暂，而有的作恶的人活到八九十岁。如何理解以上的现象。首先，善有善报不一定都体现在寿命的延长上面。人是一个感觉载体，人的幸福完全体现在自己的感觉上。如果用幸福是由感觉决定的理论来理解这一切就比较容易了。寿命的长短不一定代表人的幸福指数的高低。寿命的长短也是相对的，痛苦的长生不如幸福的短生。

有的人作了恶，比如 30 岁时杀了人，也可能活到 80 岁了，也没有人发现，仍然逍遥法外，这看起来恶有恶报的说法是错误的，好像这个人根本没有得到恶报。这种现象也应该用“感觉论”来理解。每个人做完犯法的事，心里都是害怕的，整天担心被警察抓起来，吃不下饭，睡不好觉，经常做噩梦，怕见人，这种日子其实比坐监狱好不了多少。电视上演过这样的人，他说天天过担惊受怕、颠沛流离的日子，还不如被警察抓了好；有的在外躲避了十年终于有一天投案自首。因此犯了法的人，看起来未被法律惩罚，其实已经在精神上得到了惩罚。恶有恶报不仅仅从形式上来理解，恶报不是我们一般人理解的应该得到如何如何形式的报应，他得到的报应首先是来自本人的良心谴责，然后是来自社会各个方面的报应，不一定非要怎样才算得到了报应。无论怎样形式的报应，最终都体现在对他的感觉上的影响。只要是他的感觉上已经得到了负向刺激即感觉难受、痛苦，也就是对他的惩罚得到了实现。大多数人看法是：坏人、恶人活得很自在，挣钱也容易，这些都是不明智的看法。恶人确实有一时之快，但痛苦的时间比快乐的时间更长，例如有的人抢了银行，一时抢到了几百万元，大肆挥霍，确实快乐一时，但更长期的痛苦日子是在监狱中度过。

从这一点上看，好人得到的快乐更长久。你也可以把好人、恶人看成是平等的，但绝不是恶人就比好人更幸福。即便是好人恶人是同样幸福，那么你为什么就去做恶人呢？其实恶人的出现大部分是由于恶人的脑子中出现的精神疾病导致的。一般人认为恶人的脑中并没有疾病，其实是不对的，精神病没有一个明显的分界线，只是轻重而已，有许多的科学实验验证了犯罪的人脑中的化学分泌物与正常人不同。

公德与职业道德

如果没有德行，人类就是一种忙碌、有害和可怜的生物，不会比任何一种渺小的害虫更优越。

——培根

因为道德是做人的根本，根本一坏，纵使你有一些学问和本领，也无甚用处。

——陶行知

在一切道德品质中，善良的本性是世界上最需要的。

——罗素

你希望别人怎样对待你，你就应该怎样对待别人。

——《圣经》

道德中最大的秘密就是爱。

——雪莱

一、道德与公德

德代表着一个人的品行及修养的好坏。早在2600多年前，孔子就把德列为个人修养的重要内容。当时的孔子爱憎分明，把有德的人称为君子，把无德的人称为小人，言之“君子怀德，小人怀惠”（小利小惠）。不仅如此，孔子还认为德是一项治理国家的重要法宝，这一认识一直延续至今，以致现代人仍然强调“以德治国”。

道德的概念与德的概念有些不同，它有德的内涵，同时又是人们生活及其行为的准则、规范。人不是生活在一个人的世界里，而是生活在由许多人组成的社会中。人与人之间经常接触，一举一动都会影响到对方，因此，就需要有一套行为准则或规范来约束人的行为，否则这个社会就会乱成一锅粥。于是就有了道德的标准。国家为了使这样的道德标准得以保持及维护，就制定了相关法律。我们通常说的“情、理、法”就是这样一种关系：“情”产生“理”（即伦理、道德），“理”产生“法”。

关于道德的标准，古今中外各有不同，但基本内涵大同小异，都要求人们尊重对方、宽恕对方、说话办事讲信用、不弄虚作假、多行善事、待人忠诚、有礼貌、忍辱负重等等。孔子把仁（仁是德的核心）总结为五个字：恭、宽、信、敏、惠，即：谦恭、宽容、信诚、敏捷、施惠。当然，这五个字作为道德的全部内容是远远不够的，道德的内涵太丰富了。道德是人的行为规范的总和。人的行为，都要遵守这个规范，谁违背了这一规范，就是违背了道德。

公德就是大多数人的道德。那么，公德标准是依据什么制定的呢？我认为，它应该依据以下两个标准制定。首先，它应使每个人的行为不会损害对方的利益，主要是使个人的不当行为受到节制。其次，它应是符合人性的、社会的、大多数人的利益，培养个人的对社会有益的欲望。人是有各种欲望的，这些欲望来自于五种需求：生理上的需求，主要是衣、食、住、行等；安全上的需求；社交上的需求；受人尊重的需求；实现自我的需求。人的欲望中最为强烈的欲望就是：权、钱、色。这些欲望就像是一匹匹不羁的烈马，跑起来没有一定的方向，非常危险，必须给它们套上缰绳加以驯服，这样马才能按照指定的方向行走。这些缰绳就是道德准则。孔子讲：“富与贵，是人之所欲也；不以其道得之，不处也。贫与贱，是人之所恶也；不以其道得之，不去也”。这句话的意思是：发财与当官是人的欲望，如果不用正常的渠道获得，是不行的。贫困和低贱是人们所拒绝的，如果不能用正常的渠道获得成功（摆脱贫贱），就不要强行摆脱贫贱（否则就会出问题）。正所谓“君子爱财，取之有道”。

道德一方面要求人们去克制自己的一些对别人有可能造成损害的欲望，同时，在符合人性的基础上，道德也鼓励人们去培养对别人、对社会有益的欲望，如：博爱、施惠、追求自我完善等。大多数人往往把获取作为欲望实现的形式，而忽略了欲望实现的另一种形式——施惠。人的欲望分为物质的和精神的两种，物质上的欲望是低层的，精神上的欲望是高层的。社会道德对低层次的欲望约束比较严格，而对高层次的欲望限制相对较小，很大程度上还给以鼓励发展。我们通常讲的节欲一般是指节制低层次的欲望，如赌、嫖、贪钱、贪权。我们希望每个人都能得到社会的尊重，希望每个人都能实现自己的远大抱负。我们不希望人们为钱的分配问题而引起矛盾，为当官而不择手段，为美色而引起婚外恋。

既然我们了解了道德的产生条件和施行的规律，我们就应该按照道德的要求去做事，否则就会成为一个不道德的人，严重的会成为违法犯罪之人。道德要求人们尽可能地培养高层欲望，而要大大节制自己的低层欲望。我们为什么不去这样做呢？如果在你没有饭吃的时候，有人问你是吃饭重要还是名声重要？你说吃饭重要是对的，因不吃饭就会饿死；如果有人问你，在吃饱了饭以后，你想喝酒，你又没钱买，只能去偷，你去不去偷？我想你不会去偷，因为你认为名声比喝酒重要。但现在就有那么一些人认为自己很聪明，认为只要偷的办法高明就不会被发现，既保住了名声又喝到了酒。假如你真的去偷了，你也被抓住了，小偷的名声就会伴随你的一生。再过若干年后，你成了亿万富翁，你肯定愿意拿出几百万去掉你的小偷之名，但这已是不可能的。这样看来你的损失就大了，不仅是几百万吧？如果你没有被抓住，你的心灵也有了“小偷”的阴影，你也会后悔一辈子。

当一个人吃不上饭的时候，吃饭确实是第一位的，于是挣钱就是其第一需要。但当其衣、食基本上有了满足时，他的下一个欲望可能就是更高水准的了：去大饭店吃饭、穿名牌衣服、住豪华别墅、开高级轿车，等等。这些并不是每个人生理上必需的，而是属于对物质的更高追求。这些物质消费的目的在于使人得到更大的快乐，可是使人能得到更多更大快乐的，真的是物质的高消费吗？快乐是一种体会，是精神上的一种感受。即使你拥有楼房百栋，你也只需要一张床；即使你拥有车辆千部，你也只需要一辆车子；即使你拥有饭店百个，你也只有一个肚子，装不下 5 斤东西。所以，一个人的物质需求是有限的，只有精神需求是无限的。当你满足了物质需求之后，更多的应是去追求精神的满足。当然，这种满足，以合乎道德为前提，损害或违背道德要求是得不到真正的精神满足的；硬要说有“满足”，也只是自欺欺人。

前面讲的人的五种需求中，除第一种需求外，后面的四个基本是精神需求。无论是社交上的需求，还是受人尊重的需求及自我实现的需求，个人的名声、名誉是非常重要的。我们通常说的“做一个有头有脸的人”，就是树立自己的形象，搞好自己的名声。一个企业的成功与否在于产品的品牌，一个人的事业成功与否在于这个人的声誉。任何一个有钱的人都应该去做一个有头有脸的人，但一个有钱的人不一定是一个有头有脸的人，一个有头有脸的人也不一定是有钱的人。我认为，名声是一个人活着的灵魂，也是一个人尊严的体现。名声没有了，人的尊严也就不存在了，也就不能称其为人了，与动物没有什么区别了。俗话说：“人活一口气，树活一张皮，人有脸，树有皮。”

我们周围有许多人对声誉看得很淡，而把物质需求看得很重。有的人不讲什么道德、良心，经常说“良心值多少钱一斤”？把任何事情都用金钱去衡量，没有钱的事不去做，没有钱的忙不去帮，只要挣钱多，干什么都行。这样的人并不是穷到吃不上饭了，但为了多得一点，不考虑采用什么手段，或要、或借、或求、或骗、或偷。

我们公司以前开除的几个人，自己的生活都还可以，但都是为了几千块钱去贪污的。这样做太蠢了；拿自己的名声去赌博，太不值得。即便查不出来，赌赢了一次，又能怎样？一个人不能有赌的心理，赌就会上瘾，上瘾就要多赌，多赌必定失败。

二、职业道德

前面我讲了什么是道德和公德，那么职业道德也就不言而喻了。职业道德也就是根据职业的要求应遵守的道德规范。虽然没有人把各种职业应遵守的所有道德规范归纳在一块，但我们可以把职业道德中必须具备的几项基本要求告诉大家，让大家来重视对待。

随着社会的发展，当今的行业数以千计，而不仅仅是三百六十行了。这么多的行业必定产生多种职业。这些职业都要求有它的岗位描述，而岗位描述是这个职业的从业人员应该遵守的各种行为规范，它本身就属于道德的范畴。谁违背了岗位描述，谁也就违背了职业道德。如医生的职责是治病救人，记者的职责是报道真实新闻，警察的职责是抓坏人为民除害；如果这些人没按他的职责去做，医生不去治病救人而是去玩牌，记者报道了虚假新闻，警察把好人当成坏人抓起来了，这就严重违背了职业道德。

怎么样做才能符合职业道德的要求呢？我认为，首先要先做到遵守社会公德。社会公德所摈弃的事情，肯定不符合职业道德的要求；职业道德所要求的事情必然要符合社会公德的要求，但符合社会公德的事情并不一定符合职业道德，因为每一种职业都有不同的职业道德要求。因此，我认为，如果一个人完成了自己所处的岗位描述的工作内容，同时自己的行为又符合社会公德的要求，那么他的行为就基本符合职业道德的要求；如果一个人的工作从来没有按时完成过，工作中经常出错，就不能说他具有很好的职业道德，因为他对不起自己的工作，对不起他所在的企业。

职业道德还有一种含义，那就是在同一种职业中，应有公认的相同的道德规范，具有大体相同的职业描述。与这一职业描述不一致的行为，也就不可能符合职业道德要求。一个公司中有许多岗位分工，有投资人、总经理、人事经理、财务经理、业务部经理、会计、出纳、业务员、保安、司机，等等。每个岗位都有它的职业描述。如总经理的职责是：带领全体员工为企业积极创取利润，为投资人服务；人事经理的职责是：把好的员工招进来，管好、用好、激励好；财务经理的职责是：把握好资金的安全，财务的收支平衡，使各种开支符合规定；出纳的职责是保管好现金、支票，做到账、款相符，账、物相符，不能有私心，等等。以上这些描述再加上社会公德内容就构成了不同的职业道德的内容。我们通常讲的一个人违背了职业道德，就是指他违背了职业描述的内容。但如果一个人主观上并没有故意违背职业描述，而是因为客观上的种种原因没能实现职业描述的内容，那就不算是违背职业道德。如经理的愿望是想为公司创取利润，但因某种客观原因，结果企业亏损了，经理就并没有违背职业道德。但如果说这个经理从第一天上班起就不想为公司创利润，而是为了自己多挣些工资，他就违背了经理的职业道德。

不管是什么样的职业或职务，企业中工作的所有人员，都应该为企业不便公开的商业信息及资料保密，不应利用职务之便收受回扣、索取贿赂、弄虚作假、侵吞公司财产、挪用资金、将本企业中的业务转移给他人等。这些行为都是社会公德严格禁止的，而且违背了刑法。还有一些行为虽不是刑法所禁止的但却是社会公德所摒弃的，如溜须拍马、欺上瞒下、排斥异己、说人坏话、贬低别人抬高自己、恶语伤人、说大话、说假话等等。

现在有许多人对社会公德的认识仍停留在很浮浅的层次上，认为只要不杀人、不放火、不违法就行。吃点回扣，送个礼，茶余饭后跟朋友聊一聊公司的成功秘诀（涉及一些机密）没什么。殊不知，他们的这种行为是犯罪。我把刑法（2003 版）中有关条款摘录如下。

第一百六十三条 公司、企业的工作人员利用职务上的便利，索取他人财物或者非法收受他人财物，为他人谋取利益，数额较大的，处五年以下有期徒刑或者拘役；数额巨大的，处五年以上有期徒刑，可以并处没收财产。

公司、企业的工作人员在经济往来中，违反国家规定，收受各种名义的回扣、手续费，归个人所有的，依照前款的规定处罚。

国有公司、企业中从事公务的人员和国有公司、企业委派到非国有公司、企业从事公务的人员有前两款行为的，依照本法第三百八十五条、第三百八十六条的规定定罪处罚。

第一百六十四条 为谋取不正当利益，给予公司、企业的工作人员以财物，数额较大的，处三年以下有期徒刑或者拘役；数额巨大的，处三年以上十年以下有期徒刑，并处罚金。

单位犯前款罪的，对单位判处罚金，并对其直接负责的主管人员和其他直接责任人员，依照前款的规定处罚。

行贿人在被追诉前主动交待行贿行为的，可以减轻处罚或者免除处罚。

第二百一十九条 有下列侵犯商业秘密行为之一，给商业秘密的权利人造成重大损失的，处三年以下有期徒刑或者拘役，并处或者单处罚金；造成特别严重后果的，处三年以上七年以下有期徒刑，并处罚金：

（一）盗窃、利诱、胁迫或者其他不正当手段获取权利人的商业秘密的；

（二）披露、使用或者允许他人使用以前项手段获取的权利人的商业秘密的；

（三）反约定或者违反权利人有关保守商业秘密的要求，披露、使用或者允许他人使用其所掌握的商业秘密的。

明知或者应知前款所列行为，获取、使用或者披露他人的商业秘密的，以侵犯商业秘密论。

本条所称商业秘密，是指不为公众所知悉，能为权利人带来经济利益，具有实用性并经权利人采取保密措施的技术信息和经营信息。

本条所称权利人，是指商业秘密的所有人和经商业秘密所有人许可的商业秘密使用人。

第二百七十一条 公司、企业或者其他单位的人员，利用职务上的便利，将本单位财物非法占为己有，数额较大的，处五年以下有期徒刑或者拘役；数额巨大的，处五年以上有期徒刑，可以并处没收财产。

国有公司、企业或者其他国有单位中从事公务的人员和国有公司、企业或者其他国有单位委派到非国有公司、企业以及其他单位从事公务的人员有前款行为的，依照本法第三百八十二条、第三百八十三条的规定定罪处罚。

第二百七十二条 公司、企业或者其他单位的工作人员，利用职务上的便利，挪用本单位资金归个人使用或者借贷给他人，数额较大、超过三个月未还的，或者虽未超过三个月，但数额较大、进行营利活动的，或者进行非法活动的，处三年以下有期徒刑或者拘役；挪用本单位资金数额巨大的，或者数额较大不退还的，处三年以上十年以下有期徒刑。

国有公司、企业或者其他国有单位中从事公务的人员和国有公司、企业或者其他国有单位委派到非国有公司、企业以及其他单位从事公务的人员有前款行为的，依照本法第三百八十四条的规定定罪处罚。

以上的“数额较大”是指 5000 元至 20000 元，“数额巨大”是指 2 万元以上 10 万元以下。这里的拘役不是拘留，而是判刑半年的服役，称为拘役。这里的公司、企业是指各种类型的企业，并不是单指国有企业。

凡是涉及以上刑法的犯罪，都可以采取先拘捕后审查的办法，它是公诉案件，并不是先起诉由法院宣判后再拘捕。有些人认为：“犯了以上的条款，不就是打官司吗？法院判了就还钱，不判就不用还”。其实这种认识是完全错误的，有了证据公安局就可以先拘捕，然后证据齐备后再交检察院起诉。有了证据，进了公安局就不可能再让犯罪人出来了。

任何企业都要不惜一切代价来维护企业的尊严，制止和制裁一些违背职业道德的行为。如果一个人侵吞公司财产几万元，他犯了罪，他也许远走高飞到了国外，找到他、抓回他伏法的成本也许会是几十万上百万元，也应该毫不犹豫地去这样做。即便他跑到天涯海角，也要找到他、抓回来。一个人的尊严是无价的，那么一个企业的尊严更是无价的，我们要用一切代价来维护这一尊严。不论是亲戚、朋友，还是同学关系，也不论职务的高低，发生了以上的不道德的事，应该一律严肃处理、一视同仁，做到有制度必依，执行制度必严，违反制度必究。

道德与法律新论

感情有着极大的鼓舞力量，因此，它是一切道德行为的重要前提。

——凯洛夫

法律是显露的道德，道德是隐藏的法律。

——林肯

道德源于情感，法律源于道德。道德只是情感的底线，法律也只是道德的底线。有很多不违法的事却是不道德的事。不犯法的事，也绝不可以肆无忌惮地去做。

对道德与法律进行评论，好像是老掉牙的话题，有很多人一看到这方面的文章就认为没有必要继续读下去，认为那无非是告诉你要遵守道德规范、不要犯法……，千篇一律，没有什么新鲜的。的确，这样的说教让人已经麻木了，这样的文章不会引起人们的注意，而且很多成人都认为这些说教是对青少年的，对成人不再需要这方面的教育。特别是对自己，认为自己已经是大学毕业生甚至是研究生毕业，谁还需要再学习这些简单的道理。我可以告诉你，你错了。你应该从新的高度去认识道德与法律的内涵。有许多的企业家、政府官员、文化名人因为没有准确把握道德与法律的内涵而身败名裂。

一、当前道德规范的扭曲现象

中国一直信奉儒家道德规范，儒家的道德规范确实起到了非常大的作用，但儒家的道德观念是在封建社会制度下形成的，而中国的市场经济刚刚实行了十几年，中国改革改开放后受到了西方资本主义国家文化的影响，西方的道德观念开始冲击着中国百姓的头脑，但中国人有自己的文化背景，不可能完全接受西方的道德观念。

因此，中国人道德规范就像是打破了外壳的鸡蛋一样，面目皆非。在中国改革开放的20年中，一些人盲目地采纳西方人的道德规范，而另一些人则是坚守中国的传统道德规范，这就不可避免地造成社会矛盾。我再重申一下，什么是道德，道德就是社会中的人为了避免冲突和相互侵害而形成的一种行为规范。就像行车要右侧通行一样，如果西方的道德规范是左侧通行，那么中国人的道德规范则是右侧通行，这两种道德规范在一起使用就会造成严重的冲突。因此，西方道德规范不能生搬硬套地直接应用到中国。中国的儒家道德规范在市场经济条件下出现了大量的新矛盾，确实应该改进。这就像过去马路上跑的是马车，不需要信号灯，现在马路上跑的是汽车，不但需要信号灯还要有交通警察。此时的中国只顾了发展经济，未顾得上改进这些道德规范，这就导致了矛盾和冲突的发生，如犯罪率上升，社会不良现象大量出现……。邓小平同志讲过，一手抓经济，一手抓精神文明建设，两手都要硬，他是有先见之明的。

我们仔细分析就会发现，大量的刑事犯罪和经济犯罪根源于价值观和道德观出现的畸形。如小偷，他可能认为偷东西是一种技术，体现勇敢，物质财富是第一位的，至于对别人的伤害，他没有太多考虑，这是一种畸形的价值观，与正常人的差异很大。至于经济诈骗犯，他可能认为自己的头脑聪明，骗得的财富越多，越能体现自己的能力。也有的人犯罪是为了孩子、妻子、父母，他们认为自己这样做是对的。还有的犯罪是为了报复对方，因对方侵害了他的利益，他就采取了过激的报复行动导致犯罪。总之，他们的价值观和道德观与常人不同。

还有很多人，他们自认为很懂法，不去犯罪。但在金钱诱惑下，去做一些违背道德的事，如：在一家公司上班获得了一些技术秘密，或掌握了该公司的客户资源，然后将这些技术秘密和客户资源窃取到手谋取私利，等等。这样的人会认为：中国的法律在这方面很薄弱，最多打打官司，也不至于坐牢。但是，违背道德的事，不会就这样平安无事，利益受到损失的一方会采取行动，制止这种行为的发生，这就会引起一场冲突。自中国实行市场经济以来，这样的事件层出不穷，这些事情反映中国的法律还有很多方面没有和市场经济配套，导致了一些人钻了空子。这样就会导致受害者采用非法律的手段自行解决冲突，社会秩序就会出现混乱，犯罪率就会大幅度上升。因此，中国只有针对市场经济制定出对应的相关法律，才能降低犯罪率的上升。

二、法律与道德的关系

有很多“聪明”人的，把法律看成了道德规范，认为只要是不犯法的事，就是不违背道德的事，出现了严重的道德观畸形。我们通常所说的一件事合情、合理、合法，包括了三方面的含义，情是情感，理是道德，法是法律，道德源于情感，法律来源于道德。道德是为情感服务的，是情感的守护神；而法律是为道德服务的，是道德的守护神。道德是情感的底线，法律是道德的底线。正常情况下，违法的事一定违背道德，违背道德的事一定违背情感，但不违法的事有可能违背道德，不违背道德的事有可能违背情感。目前，市场经济条件下的我国法律是很不完善的。道德规范也是很不完善的。人的情感是无时不在的，已有的法律只是维护了部分的道德，而道德也只是维护了人的部分情感，所以那些把法律当做道德的人，实际上是大大降低了道德的标准，会给社会带来很大的危害，是要被社会所唾弃的。

有些法律是维护多数人的利益，如劳动法和妇女儿童权益保护法等等。不同的地区、不同的环境，道德规范的标准是不同的，而法律是全国性的，要求统一。因此法律的执行会出现很多困难，需要在实施中调整，这就是法律与道德规范之间出现的矛盾。法律的出现应以道德规范为基础，反过来又会影响着道德规范的变化。不同的环境，不同文化的地区，法律在执行中也会考虑道德规范的差异性，而实际上，也是这样做的。一个人侵害别人的利益和情感超过一定标准才会违法，在一定的标准之内不违法。法律是道德规范的一种极限。因此，法律的底线比道德规范的底线要宽松，仅把法律作为道德标准要求是错误的。

我在前面讲过道德的概念，道德一词包含着行为规范和品德两种含义。行为规范是对人的基本要求，也是最底线的要求。在马路上开车要靠右侧行驶这是基本规则。品德的基本要求是不对别人的利益和情感产生伤害。而更高的品德标准是：主要考虑别人的利益和情感，把自身的利益和情感放到最后，如雷锋、黄继光、焦裕禄等都是高尚品德的典范。

每个人对道德规范的理解有差异性，甲乙之间发生同样的一件事情，甲认为未给乙造成伤害，而乙认为给自己造成了伤害，这就很难权衡事情的谁是谁非。所以，仅仅以道德的最底线要求每个人做到不给其他人造成伤害是不够的，社会教育中要求人人都要有较高的道德水准是正确的做法。如古人要求每人都要有：诚信、仁爱、忠诚、恭敬、宽容、谦让、善良等高尚品德，这样才会使社会安定，不发生冲突。否则，因为很难把握住不给对方造成伤害的底线，会使当事人产生各种各样的矛盾冲突。

三、道德的差异性原理

不同时期、不同的环境、不同的文化背景下的道德规范是不同的。中国与西方国家的文化差异很大，所以道德规范差异性也必然很大。中国人讲忠孝，尊重老人，而西方人则将爱幼看得更重。在中国，父母打孩子是被看成天经地义的事，而在西方国家，父母打孩子则是犯法。文化的差异并无好坏之分，道德标准的差异也属正常。我国南北方的文化差异性就很大。在南方，朋友吃饭AA制很正常，而在北方，就很少被人采用。北方人认为AA制是不讲情义的，会伤害朋友之间的情感。因此，不同地域的道德规范是不同的，所以每个人都要意识到这个问题。北方人到南方要适应当地人的习俗和道德规范，南方人到北方也同样应这样做。不要用自己的道德标准要求别人，应是少数服从多数。同一环境的人要尽快学习掌握这一环境下的道德标准，否则就会成为一个古怪的人，看起来是不讲道德的人。

随着文化传播手段的丰富和传播速度的加快，道德标准在走向趋同化。每个人都应积极地学习和掌握这些标准，认识到自己的不足和不同。当然，不同的文化也有很多共性的道德标准如：诚信、仁爱、宽容、善良、忠诚等。道德标准最底线的要求是：不伤害对方的利益和情感。如果连最低标准都做不到的人，是被我们称为缺德的人。我希望每个人都有德，而不是缺德。

看来我们每时每刻都应关注道德方面的修养。觉得自己不需要学习道德规范的人真是太危险了，长此下去会成为“缺德”的人。

刚才说的是不同地区、不同文背景下有道德规范的差异性属正常现象，但实际上同一地区同一文化背景下每人的道德观也存在很大的差异，这是因为道德观是在价值观的形成过程中产生的。价值观受到多种因素的影响，如家庭背景、个人的经历、周围人员的影响，等等。有很多人的价值观是很不健康的。这些不健康的价值观直接影响着他本人的道德准则。如果他在小的时候得不到父母的关爱，他可能会形成“人是无情”的观点，他会对周围的人产生恨，从而导致价值观的畸形。如果他的父母从小教他一切从自己的利益出发，他就会变成自私自利的人。这样的人肯定是道德规范的破坏者。所以，要达到较高的道德标准，最重要的是改变自己不良的价值观，这是非常难做到的，但它是必经之路。前面我说过有很多的企业家、政府官员、文化名人大都是因为不健康的价值观形成了不健康的道德观从而导致身败名裂。

一个企业的员工，如果价值观不同，将很难形成一个团结的团队。这就是为什么许多企业将品德要求高于才能要求的原因。

谈公司的用人机制

企业最大的资产是人。

——松下幸之助

人才是利润最高的商品，能够经营好人才的企业才是最终的大赢家。

——柳传志

一个公司要发展迅速得力于聘用好的人才，尤其是需要聪明的人才。

——比尔·盖茨

公司中，什么条件对员工最重要，有人专门做过抽样调查，大多数30岁以下的年轻人和学历较高的人，把能在公司中的发展机会作为自己的首选目标，而把工资待遇放在第二位，人际关系等放在第三位。30岁以上的人和学历较低的人则把工资放在第一位，发展机会放在第二位。由此看来，个人发展机会和工资待遇是吸引人才的两个重要条件。

对于人才而言个人发展机会应是第一位的,待遇为第二位。人才的概念应该是动态的,而不是不变的。如果一个很有能力的人,从此不再学习,不再努力,就凭以前的知识及经验应付工作,这样的人会很快被淘汰。人才就是一匹千里马,只有广阔的空间才能飞奔向前。公司选完人才后,首先应给此人学习的机会,先让其开阔眼界,丰富自己的知识,学习掌握前人的经验,同时应给此人以适合的工作内容,让其充分发挥自己的能力,工作内容可以不断增加,加重他肩上的担子。

一、赛马机制

古人相马不相皮，瘦马虽瘦骨法奇；世无伯乐良可嗤，千金市马唯市肥。

——欧阳修

人不可以貌相，不可简单用学历、外表、谈吐、举止等判断这个人能力的大小。以前我们公司聘过一个以上几点感觉都不错的经理，但工作后发现，此人做事不从实际出发，异想天开，对外谈判也不讲实话，胡吹。这样的人，讲起话来，不了解的人听着头头是道，其实都是自己胡编出来的。选拔人才就像是挑选千里马一样，不能相，只能赛。我曾去康西草原骑马，在马棚内看到一匹又高大又漂亮的马，我认为这匹马肯定跑得快，便要马夫牵过来。但马夫说此马不是快马，他指了一下一匹又瘦小、又丑的马说："这匹马才是快马。"我不相信，我说："两匹马我都要，看一看到底哪一匹马跑得快。"来到草原上一比才知道，马夫说得对。

来我们公司的每一个人，都有施展自己才能的机会。只要自己勤奋、努力，都有可能成为公司的人才。我们公司采取"赛马不相马"的用人办法。不管来我们公司的人以前是什么职务，什么学历，只要来到我们公司，起点都是一样，试用期内就能看出他的基本水平，然后考虑职务的安排。一个高级的职位，每个人都有竞争上岗的机会，能者上，庸者下，平者让。现在许多公司的经理及高级管理人员只能上不能下的心态是不正常的。前面已讲，人才是变化的，你在一段时间是先进者，如果学习较少、不求进取、墨守成规就会落在新来者的后面。落后的自然要让位于先进的。已让位于人的落后者，只要充分认识到自己的不足，不断加强学习、勤奋工作就会迎头赶上，可以再取得竞岗的机会。国有企业都取消了干部终身制的做法，何况民营企业。在此，我提醒经理们应不间断自身素质的提高，勤奋再勤奋地工作才能立足于本身的工作岗位。于尔·勒纳说："天才就是最强有力的牛，他们一刻不停地，一天要工作 18 小时。”我们这种竞岗方式并不是像有些公司那样，看到哪个人眼熟就想换掉。我们在更换岗位时，确实让退岗的人心服口服地认识到自己的退步及不足，经得起大家的评价。

二、提拔机制

在我们公司，不管是什么职务的员工，只要此人有进取心、肯学习、勤奋努力就很会被提升。每个人都有这样的机会。我们尽可能地从公司内部提拔经理，给他机会锻炼，如果能力确实差距太大，不能胜任，我们才从外部聘用经理。我们会对有进取心的员工进行管理方法及技巧的培训，让他们掌握管理的基本技能，从一个普通员工变为一个管理者。“管理”，简单讲就是让别人逐步取代自己的工作并对这个人进行检查、指导的过程。因此每个级别的管理者都有义务培训自己的直接下级，让其接替自己的工作，并让其掌握一定的管理技能。只有自己的工作被别人替代后，本人才有时间和机会去接替自己上级的工作。如果你没有培训出自己的接替人，你就没有升迁的机会。这不是我们要的管理者，也称不上成功的管理者。因此我们公司的每个人都要学一些企业管理知识，很高兴地对待上司对自己的培训。

上级对下级的管理，应尽量多地把政令的下达变成一种培训，以培训代替训斥。这样，你的下级更容易接受，效果会更好。

为了发现、留住人才，每级管理人员都要敢于用比自己能力强的人作为自己的下级，并且有义务向自己的上级或老板荐举你的下级。我们一旦发现某某人嫉贤妒能，压制人才，我们就会让他离岗，甚至辞退。

三、激励机制

以前我们公司工资制度实行的是同职同薪制，这是不科学的，因为同职的人贡献大小差距很大，仅靠奖金的调节是不够的。我们马上变更这一做法，实行同职不同薪制。能实行定量考核的实行定量考核，不能实行定量考核的以奖金及处罚的方式拉开差距，尽量科学地评价每个人的劳动成果。

我们逐步实行骨干人员的中长期激励办法。改变以往员工只为了月工资上班，没有长期打算，员工辞职过于自由、频繁的现象。使员工能够体验到工作四五年之后个人收入的显著变化和得到的实惠。工作十年，收入和福利又会是另外一个样子。特别是对高级管理人员，尽量多地考虑采用中长期的激励机制，使他们觉得公司发展会对个人的发展带来广阔的空间，同时个人收入会有很大的增长幅度，觉得在公司长期干有奔头。

四、信任机制

古人说“用人不疑，疑人不用”，这句话用在现代企业的管理中应加以修正。古人是靠感情的维系来进行管理的，现代企业是靠制度来进行管理的，管理的方法发生了变化。公司中的任何人在公司中都要有人对他进行监督和检查。下级由上级进行监督，总经理由董事长监督，而董事长又由董事会监督。“相信人”是好的，“相信人又加以监督”就会更好。用人就要用其长处避其短处，同时又加以控制和监督。有些人是不能用的，如：情绪极其悲观的人，狂妄自大、认为谁都不如他的人，对以前的单位极不负责任的人，对自己的家庭极不负责任的人，游手好闲不愿吃苦的人，爱吹牛不做实事的人，等等。

我们对离职的人态度是让其“高兴而来，满意而归”。不论是员工自己辞职，还是公司辞退的，我们并不因为他不再是我们的员工而冷落他。我们公司的所有在职人员都会是他的朋友，而且不会间断与他的联系。既然这样，离职员工就有义务把工作交接清楚，同时要培训一下新来者，让其能独立工作后再离开公司。我们在一起相处了几年，也许有一些误会和不愉快的地方，但并不能阻止我们今后成为好朋友。

谈企业员工的合理工资

公司的政策不应该是按劳取酬，而是按劳动的结果取酬。

——刘积仁

在模糊不清的能力和明确无疑的实绩之间，存在着多么大的差别！

——托·卡莱尔

理想的社会状态不是财富均分，而是每个人按其贡献的大小，从社会的总财富中提取他应得的报酬。

——亨·乔治

作为员工，每个人都希望自己的工资高，而作为老板，总是希望少一些成本多一些盈利，从长远角度多积累一些资金，扩大规模，这是每个企业的共性。那么如何正确确定工资待遇的标准，多少为合适，既满足了员工的要求，而且老板也觉得合理，这是一个值得研究的课题。国家只规定了员工最低工资标准，这只是一个能生存的最低标准线，现在大多企业员工的工资远远超出了这一标准线。这一标准线没有太大的参考价值，因为大多数员工不仅是为了生存，而且要生活得好；不仅有物质的需求，而且追求精神需求。

一、工资由劳动的价值决定

我们可以把所有公司分成两大类：产品生产类公司和服务类公司，服务与产品一样有其价值。那么劳动作为一种服务同样是有价值的，它可以与商品一样进行等价交换。绝大多数老板把劳动力（人）作为商品来对待，把工资当做劳动力（人）商品的价格，这样做是不公平的。因为劳动力的价值只有通过劳动这种服务才能体现，它是一个动态过程。把劳动力看成商品是静态化的做法，应该把劳动看成是一种商品。劳动力的使用价值就是劳动的价值。因此当老板给员工发工资时，不能静态地评价劳动力价值大小，应该评价劳动的价值（劳动力的使用价值）大小，这样才更科学。

基于这种观点，一个人的工资的高低就取决于他所付出的劳动。一个很有能力的人，如果他不劳动，他就应该一无所有。因此，工资待遇的高低不是取决于他有多高的学历，以前曾有过多么高的功绩，有多么高级的职位，而是取决于他付出了多少劳动，及由劳动所带来的成果。这里讲的劳动是一种广义的劳动，包含有效劳动和无效劳动。有效劳动是可以创造新价值的劳动，而无效劳动是不创造任何价值的劳动，有的甚至要破坏已有的成果。因此，评价劳动的价值要以劳动所实现的成果大小为准绳来评价，不能简单用劳动量的大小来评价。例如，有人说他上班多么多么的累，比别人多付出了许多精力，但就是成果没有别人大，要求老板能给予和别人一样的待遇标准，不看功劳看苦劳。也许老板会发一发善心，给予同样的待遇标准，但这不符合劳动价值的市场规律。

二、如何判定劳动的价值

如何评价一个人通过劳动所创造新价值的大小，这又是一个新的重要问题。一个工作任务可能由几个人甚至全公司的人共同完成，每个人都起到了一定的作用，但又不是全部的作用。有时很难分清哪个环节更重要。一个项目通常由许多环节一环扣一环地连续进行下去。

大致的过程为如下：

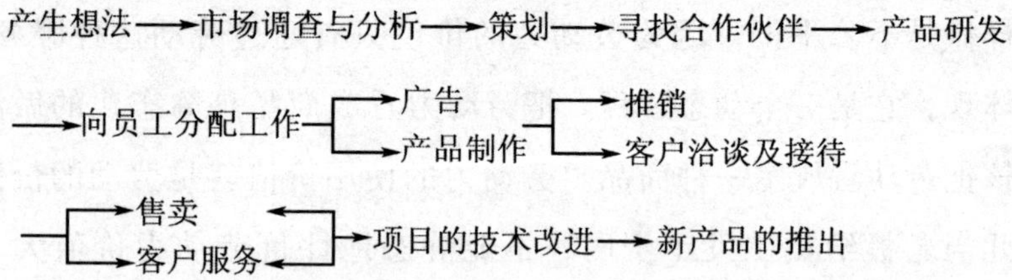

这里缺少哪个环节都不行，你能说哪个环节更重要呢？有的员工说："我是销售员，如果没有我的功劳，产品卖不出去，公司就不可能盈利。我的岗位比别的岗位更重要，应该特别奖励。"也有的员工说："我是研发人员，如果不是我设计出如此好的产品，销售肯定不行，我的作用更大"。我想大家应该看到他们两个在项目中所起的作用和所处的位置。大家应该知道盲人摸象的故事。不要总是认为自己工作重要，而意识不到别人的作用。因此不能说项目的各环节哪个环节更重要，因为每个环节都是相辅相成、环环相扣的。但每个人所做的贡献即劳动成果可以分出大小。

三、如何判定劳动的价格

劳动的价格即工资不仅跟劳动成果成正比，同时受供求关系的影响，供大于求则价格下降，供不应求则价格上升。员工所从事的某项工作是否很容易找到适应的人选即工作的替代性强弱，也直接影响了这个工作职务的工资高低。新员工替代老员工公司会付出一部分成本，首先是招聘成本，再者就是新员工的培训费用及新老员工在劳动成果上的差异。可以表示为：老员工年薪 = 新员工年薪 + 招聘费 + 培训费 ± 新老员工的劳动成果差异。并不是新员工都比老员工的成果小，因此用 ± 来表示他们之间的差异。

那么企业中的职工工资到底以什么为基数呢？这首先取决于社会平均生活水平的高低，即国家实力的高低。社会平均工资的高低不是任意定的，直接受市场规律的制约，自动调节高低平衡。例如一个企业老板投资100万元做一个项目，共有职工20人，20人年工资总额为30万元，假定这个项目年利润为20万元，这就是很好的项目了，年收益率为20%。假如现在工资水平上调一倍，利润就没有了，那么这个项目的年收益率就为负数，这是投资者做不到的。社会的平均工资水平就是这样维持自身的平衡。现在中国投资的平均利润率为5%左右，这就意味着，国家工资额上涨的幅度不会超过社会利润的总额，否则国家不可能有资金的积累，全部都被吃掉了。工资也不可能太低，工资低了之后，投资利润率就会增大，投资者就会增多，投资者增多，则劳动力短缺，工资就会上调，又会达到新的平衡。通过以上例子说明，职工工资的确定是以社会平均工资为参考的，即以别的同类企业中的同类岗位工资为参考的，不可能差距太大。此外如果本单位工资低得太多，员工就会流走，高得太多，投资者就会觉得聘新员工更合算。

四、工资与企业利润的关系

企业盈利大小跟员工的工资是什么关系？是不是盈利增加一倍就说明每个员工的平均劳动成果就增大了一倍呢？回答是否定的。企业的盈利状况确实反映了企业所有员工的部分劳动成效的大小，但不是成比例的。因为企业的盈利与否首先取决于项目选择的好坏，还取决于行业环境、商业机会等各种条件。例如，有的人抓住个机会可能不需要聘用任何员工就挣了几千万，而有的项目聘用了上万名职工，最后赔得很惨，这能说明这一万名职工都没有成果吗？

企业的盈利大小，与经营管理者的能力关系非常密切，基本上是成比例的，但也不是完全成正比的。当前许多企业都把经理的工资与盈利的大小挂钩，这种做法很好，起到了刺激经理的积极性的作用，但并不意味着企业亏损了，经理就无能，盈利了，都归功于经理的能力。经理的能力大小，可以由两个以上的人轮流试验得出结论，同样的条件下，做亏的人或是亏损严重的人，能力较差，做盈或亏损较少的人能力较强。有的公司（比如我们公司）对部门经理实行效益考核，考核标准线根据各自的工作环境不同，差别可能很大。如，有的订亏损指标，基准线为年亏损不超过 20 万元，有的基准线为年盈利额 10 万元。超过线的按一定比例奖，低于线的也按一定比例罚。这些基准线经我们认真分析后，难易程度是一样的。公司为什么订这样的指标呢？是不是说明经理的劳动成果与效益完全成正比呢？也不是这样。前面已经说了，企业的效益受多种因素影响。但这种考核办法在除去社会环境的影响后，确实能比较准确地反映经理的能力差异即劳动成果差异。公司之所以这样考核经理的另一个原因就是公司太关心效益了，效益是企业生存的前提，而且老板和经理在心理上都会达到平衡。

社会上，往往有的经理过分看重了自己的能力，把公司的盈利都归结为是自己努力的成果，这是错误的。即便是投资者在项目经营中没有做任何管理和策划，那么公司的盈利首先应该归功于投资者。这就像炒股票一样，股票的本金是投资者提供的，而经理就是代理者是操盘手。没有本金再有本事的操盘手，也无能为力。投资者一出资，就有了投资的风险，面临赔掉的可能。这就是前面讲的替代性原则。作为投资者，即便什么事也不做也有权支配公司的利润，否则投资者便会把钱存到银行获取利息。投资有盈有亏，有时盈利高达投资额的几倍，有时则血本无归。前者是少数，后者也不多见，但大多数的公司盈利率不到 10%。这就是社会公平原则，即市场的规律性。因此，投资者应站在投资者的立场上去对待员工的工资，即便公司亏了，员工的工资该发多少就发多少，该奖的应奖。而员工应站在员工的立场上去看待自己的工资，即便公司盈利数额大得不可想象，那么也不要每个人都认为公司的老板理应为自己提高几倍的工资。从感情上讲，公司盈利了，老板一般都会多发一些工资给员工，公司亏损了，员工对老板的困境也能理解，降低些工资标准也能承受。但这里讲的仅仅是感情因素。工资待遇的标准关键取决于员工的劳动成果，这才是最基本的标准。

我们公司的分配原则是按劳分配，即按劳动成果的大小来确定工资的高低。对个人劳动成果的评价应尽量科学定量化，但做到完全定量化确实很难，有时难免会有小的误差，但从长期来看，是可以做到公平的。我们公司没有设置学历工资，但设置了职务工资。尽量多地实行定量考核一些岗位，考核的同时尽量去掉外界因素的干扰，如经济形势状况变动、社会变革、外部发展环境变化等因素。这就和我们的用人机制结合起来了。

按劳分配的原则必然会带来员工工资的差距加大。同样的工作岗位，有可能会出现几倍的工资差异，这是合理的。工资的多少，有时体现了老板的感情因素，同时也体现了老板的鼓励照顾的心理。大多数老板平时并不爱听员工经常为工资的事找到他诉苦，因为这样做的结果会使老板认为此人不能正确评价自己的能力，适得其反。如果你是一个聪明的员工，你的老板也是一个聪明的人，你的成绩他不会看不到，他会按劳动成果分配的，根本不用直说工资的事。

我们公司的工资标准是逐步升高的，这是因为每个人来公司之后经验及能力肯定逐步提高。能力不提高的人，我们应劝其离职。并不是只有公司盈利了才长工资。我们非常重视员工的中期及远期利益。最近出台了中期、远期利益激励办法，这个办法已被员工认可。这个办法是把公司与个人的中期、远期利益结合在一起，起到了稳定人员的作用。员工有了奔头，公司也不用担心员工频繁辞职了。

我们公司的员工基本工资的发放是以劳动成果为基础的，同时也辅之以奖励及惩罚的机制。对劳动成果突出的员工，除照发应得的工资外，我们还要奖励，对于成果特别突出的员工，实行特别奖励（重奖），不仅是物质上的奖励，还包括晋升职务，公开表扬等等精神鼓励。对于不能按照公司的要求完成任务的员工，我们给以必要的处罚。无论如何，员工的个人能力要适应公司的基本要求，否则就是不合格，就要另谋职业。

第五部分

活用哲学

——“超越哲学”的提出

查·埃利奥利说：“哲学是人们进行思考、推理和想象的思维形式，也是人类生存的真正的价值所在。”哲学是世界观又是思想的方法论。我们在现实生活中经常使用它，只不过我们平时没有上升到理论的高度来概括和总结。一个人的人生观、道德观以及自己的一切行动无一不是在一定的思想指导下形成的。不管你承认与否，哲学就是每个人的思想之魂。同样的道理，本书也是以本部分的哲学思想为指导写成的。

我们大多数人都懂一些辩证法，如，对任何事物都不要去用绝对的眼光去看，而要一分为二地去看，任何事物都有好坏、优劣、对错之分；在认识和分析某件事物时，不要固执己见、自以为是，要多听听大家的意见，要从不同的角度去分析问题。其实这些看似明白简单的道理，我们在现实生活中并没有做好，甚至没有这样去做。即便是在哲学研究领域，也没有完全按照这种方法去做。诚然，哲学是为人类服务的，但是，仅仅是从人类的视角去看待和认识一切事物是不够的。自然界存在多种生物，我们人类只是其中的一种，而且极有可能存在远远高于人类智慧的生物。我们不要坚持只有我们人类的感觉（包括认识）才是唯一正确的。我们要跳出总是自以为是的人类的视角，从多种视角去分析我们的感觉，去研究世界。我们不仅要从其他生物身上吸取灵感，站在它们的角度去审视我们的认识，而且要站在超微观、超宏观或者我们未曾使用过的角度来重新开始或验证我们的认识。这种研究的方法是超越我们人类视角的，我暂且把这种方法称之为："超越方法"，把得到的哲学观点称之为："超越哲学"。这种方法是我探索哲学的一个尝试。只要能起到抛砖引玉的作用，我的目的也就达到了。

大家可以看到，使用超越方法会得到我们意想不到的结论。这些结论可以大大开拓我们的视野，使我们对世界、生命、社会、自我的认识上升到一个新的高度。这些观点看起来好像不太符合人们所谓的常识，或者说不是我们通常所认为的真理。我已经阐明，真理是有适用范围的，"超越哲学"在人类狭窄的视角范围内，它确实不是真理，但是，在超越了人类视角的范围后，我认为不是没有道理的（不敢妄称真理），因为它是由逻辑推导出来的结论。

我的第二个尝试是把（个人）人生的价值归结为感觉。正如法国拉伯雷所说："自我感觉就是人的价值。"这一尝试，会使我们对人生的意义、人生的追求以及生活的态度有一个全新的认识。现在很多人在金钱、权力面前迷失了自我，我的义务是把他们找回来。我希望人类在任何的环境下都不要迷失自我。

感觉是假的还是真的?
——感觉论

没有人会不相信自己的眼睛，俗话说，眼见为实。通过眼睛看东西的感觉就一定是与这个东西符合的了。那么，如何解释电影银幕上的人物看着是动的，而实际上并不动呢？本文从这里出发推理出人类感觉像电影一样是一种幻觉、假象。这个结论对我们做科学探讨以及认识世界是有很大帮助的。

我们时时刻刻都生活在感觉之中，我们人类唯一得到的东西是感觉(包括知觉和意识)，感觉就是我们的全部，感觉对我们太真实了，从这个意义上说，感觉又是真的。这个结论对我们探讨人生的意义，树立正确的人生观是有很大帮助的。

一、感觉是假的（感觉是假象、幻觉）

如果我们跳出人类的视角，从多种视角去分析我们的感觉，去研究世界，我们就会发现我们的感觉是假的。因此，如果遵循真理的适用范围，此观点成立的适应范围是：跳出我们人类的视角。

1. 我们的所有感觉都是错觉

我们已知的大千世界有红、橙、黄、绿、青、蓝、紫七种颜色，万紫千红的世界是靠七种颜色或三种基色的不同组合而形成的多种彩色。我们还清楚色彩是由不同的光构成的，光的波长不同，颜色就不同。颜色是我们的一种感觉。我们如何解释光的波长与色彩的关系呢？只能解释为：不同波长的光对人的感觉不同。不同波长的光对人会产生不同的色彩感觉，但对其他动物不一定是这样。不同波长的光对狗和狼不会产生色彩的感觉，当然还有许多其他动物也不会有色彩的感觉。如果对光线没有色彩感觉的动物，对其他刺激就没有色彩的感觉吗？不过我们可以推断，会有这样的动物对其他刺激有色彩的感觉。蝙蝠为什么能那么精确地捕到猎物，难道仅仅是我们理解的靠超声波测距来判断猎物的活动吗？我们目前还无法与它沟通。也许它对超声波有色彩的感觉，硬的物体可能是红色，软的物体可能是蓝色。也许有的动物对温度有色彩的感觉，温度高的物体是红色，温度低的物体是蓝色。我这里仅仅是一种假设，提醒人们注意颜色是人和某些动物对普通光的感觉，颜色是物质的表象并不是物质的本性。

同样的道理，我们也不能把物质的味道当成物质的本性。我们大家都清楚，不同的物质会有同样的味道，这一点不仅有大量的科学证据，同时已被我们的日常生活所证实。如敌敌畏与茅台酒的味道很相近，有的造假酒的人甚至在酒里放上几滴敌敌畏提高酒的香度来迷惑人。我们对物质的味道感觉有酸、甜、苦、辣、香、臭等。我们对几乎所有的动物粪便都感到臭，但是别的动物和人的感觉就不同了。我们很清楚，狗的鼻子比人的灵敏上百倍，但狗为什么吃粪便呢？这让我们非常难解。唯一可以解释通的是狗对物质味道的感觉与人不同。人认为是臭的东西，狗不觉得臭，也许感到很香，否则它为什么吃呢？同样是人类，不同的人对味道的感觉也不同，如有的人爱闻汽油味，而有的人则对汽油味非常讨厌。我们几乎所有的人都认为，味道是通过鼻子闻的，但是蛇是用舌头来闻味的，也许有的动物是通过皮肤闻味的，这怎么就没有可能呢？

我们人类的耳朵是用来辨别声音的，有的昆虫用触须来辨别声音，它们并没有耳，但能达到同样的目的。我们认为声音是物体的振动发出的声波，但别的动物并不一定有这种感觉，也许它们会感觉到声音仅仅只能引起皮肤的震动而已。

我们经常看到的电影电视节目，人们亲眼见到的连续动作其实是假的，只是人的一种错觉。它是利用了人眼在信号传输中的错觉而制作的，如果不是我们发现了一张张不连续的底片，我们很难相信这个事实。如果地球上只有一个人，他从未见到过自己的影像，当第一次照镜子的时候，肯定会把镜子里的影像当成真人来对待。给狗第一次照镜子的时候，狗会把镜子里的狗当成对手来对待。人确实有抽象的逻辑分析能力和超常的判断能力，把对周围的世界感知到的印象加以分析，做出抽象的判断，但这些判断是基于感觉的判断，不可能完全脱离自身的感觉。

2. 感觉是假象，认识也是假象（对物质的终极本质而言）

以上我举例说明了人对色彩、味道、声音的几种感觉，当然人还有许多器官，感觉是非常丰富的。但不论是什么感觉，均有一个共性，那就是人的感觉的描述。这些描述都不可能把真实的物质世界的本性描述清楚，我们可以把这些所有的感觉看成是假象，因为人所感觉到的色彩、味道、声音对外部的世界并不能说明什么，仅仅是一种感觉而已。既然感觉是假象，那么建立在感觉基础上的意识也是一种假象。我在这里要说明一下，是不是我在宣扬一种不可知论呢？不是的。我这样做的目的是告诉一些科学工作者，要正视人类本身的弱点，人类到目前为止仍是高级动物，高级动物也是动物，存在着动物的本能，这种动物本能在思维上具有局限性，人类要想战胜自己，就要首先正视自己，这样才能在科学研究方面有更大的突破。

把人类的意识看成是一种假象，我们的思路就会开阔很多。我们反过来再来研究一下，什么是力、电、磁呢？力是什么、电是什么、磁又是什么呢？这难道不是人的一种感觉吗？前面我说过，对有些动物，也许色彩就是声音、声音就是色彩，那么有些动物也许认为电、磁就是声音。既然色彩是人的一种感觉，那就说明自然界不存在“色彩”这种物质的本质，同样的道理，我们也可以推理出力、电、磁仅仅是物质的现象，不是物质的本质。我们可以把力、电、磁表述为物质的不同运动形式，难道不可以吗？万有引力可以解释为万物皆有向一起运动的一种特性。那么电和磁也是物质运动一种特性。那么我们何不研究一下质量呢？质量是不是人的一种感觉呢？我要说明的是：我们可以从另一个思路去研究自然现象。

3. 人的感官不全导致人的认识不准确、不全面

我们有了感官，就非常地相信它们的作用。但你想过没有，人类长的器官是否比动物的器官更多呢？是不是自然界把一切器官都赐予了人类呢？答案是否定的，我们知道有的动物的器官比人类更丰富，如有的动物会发电，有的动物有红外感应器官等。这就说明人类的感官是不全的，因此感受到的信息也是不全的，从而推理出人类对世界的判断也是片面的，人类描述的世界不准确也不全面。人生活在万紫千红的世界，不如说人类生活在万紫千红的感觉世界里。大千世界的确存在，大千世界的影像是靠人类的感官这个中间环节传达到人的大脑中的，这个影响在传输中出现了什么情况就很难说了，这个课题是值得我们研究的。

上面我讲了什么是感觉，感觉是人脑的一种体验，这种体验与真实的世界是不同的。如果把真实世界比喻为一座山，那么人的感觉最多是一张照片。山是立体的，而照片也只能是从山的一个侧面观察到的部分影像，且是平面的。如果说照片就是山，那就大错特错了。照片就是照片，山就是山，二者不可能代替，不是一样的东西，山是真的，照片就是假的，照片上的山是假山。这一点说明人对世界的感觉与世界本身是不同的。

4. 我们对世界的描述均是现象不是本质（指终极本质）

我写过世界二元素论，在二元素论中我指出，物质世界是非常

简单的世界。物质就是不以人的意识为转移的客观存在。人类不能描述物质二元素中的二元素到底是什么东西，因为物质是可以无限再分的，二元素只是一种推理的结果。人永远都不可能找到无限小的东西，就像人不能找到无限大的物体一样。物质二元素非常简单，但无法描述清楚，就像佛教描述的“万物皆空”或者道教讲的“道”。老子说“道可道，非常道，名可名，非常名，无名天地之始，有名万物之母。”我们习惯于把物质世界中的各种物质用某些物理特性描述出来，如大小、黑白、香臭、软硬、快慢，等等。凡是能描述出来的东西都是“有名”的东西，这些描述都不是物质的本性，而是人类靠感觉给予物质的名，因此，它只是物质的表象，不是它的本质。这就如物与影像的关系，影像永远不能替代实物，影像只是一种表象。如盲人摸象的故事，盲人的描述只是描述了大象的某些特点，而不能完全反映出大象的整个体貌。人类给予的描述就如同盲人给出的描述一样。

因此，真正的物质世界的终极本性是不可以描述的（至少现在做不到），物质的终极本性是二元素，这二元素只是一种抽象的符号，无法具体描述。科学延展了人类的各种感官的功能，看不到的东西，我们借助科学仪器看到了，听不到的声音我们借助仪器听到了，但科学仪器并没有改变我们的思维方式。如物质的质量概念是由重量演变而来，红外线是光的一种，超声波是声的一种等等。其实物质的各种物理特性，如：空间、时间、温度、速度、力、电、光等等一切物理名词都是人类凭感觉给予的概念，这些特性都是老子讲的“有名”之物的特性。爱因斯坦的相对论部分改变了人类思维方式，但不是全部。他把空间与时间联系起来，但没有把所有的物理现象都联系到一起。其实所有的物理特性都是盲人摸象中的盲人的描述，这些描述都是指的同一个东西。

二、感觉是真的（人类生活在感觉之中）

我们人类感知世界、认识世界的工具是我们的器官。我们人类唯一得到的东西是感觉（包含知觉和意识），感觉就是我们的全部，感觉对我们太真实了。因此，“感觉是真的”这个观点成立的适应范围是：站在我们人类的视角。

1. 感觉是人生的全部

前面我讲了很多关于感觉是假象的论述。但是，我们人类每天都生活在感觉之中，我们每天都在看到色彩，听到声音，嗅到气味，如果没有色彩、声音、气味等各种感觉，我们简直就无法生活和生存。因此，感觉对我们人类太重要了。我们不管感觉是真是假，我们就是坚持：天是蓝的，树是绿的，糖是甜的，药是苦的，石头是硬的，棉花是软的，这样的认识对我们生活不会带来任何的影响。的的确确，我们每天都是这样生活的，我们会把我们的对世界的感觉当成世界本身，没有人怀疑我们的感觉是假的。我们每天都在吃饭、穿衣、坐车，没有一个人怀疑自己吃的苹果是不是苹果，住的房子是不是房子，坐的车子是不是车子。我们都亲身体验到了苹果的香甜、房子的温暖、车子是快捷，这些感觉时时刻刻都在伴随着我们。我们每天都生活在这样的感觉的世界之中，而且我们把它当成真实的世界。可以说，感觉就是我们生活的全部，人生的全部。

2. 感觉的好坏由外部物质刺激和人体内部构造决定

我在本文中使用的感觉一词是一个广义的词，它包含感觉、知觉和意识的含义。大家都清楚，人有耳、鼻、眼、嘴等各种感觉器官。这些感官把接触到的外部物质世界各种信息送到大脑进行分析处理后得出印象，这种印象严格地讲含有感觉、知觉以及意识的内容，在这篇文章中我把它统称为感觉。感觉的形成有三个关键要素：外部物质、感官和大脑。我们习惯于有了物质就一定会有感觉，往往忽略的是感官和大脑。我们有了眼睛，才能认识到物质世界是彩色的世界，我们有了耳朵，才能认识到世界上是有声音存在的，我们有了鼻子，才能会嗅到世界上的物质是带有味道的，我们有了皮肤，才能会感觉到冷和热的存在。如果我们没有这些感官，就不可能认识到丰富多彩的物质世界。

对于孩子来讲，大千世界非常新鲜，有趣的事情非常多，这是因为孩子的感官非常地敏感，人到老年后，觉得世界非常地平淡，再好的饭菜也不觉好吃，这是因为人到老年后感官失灵的缘故，并不是饭真的不香。人的情绪也受到这些感官的影响，当人生病时感官会发生故障，因此，人就会感到周围的一切都让人感到痛苦，当人身体健康（快乐）的时候，就会感到一切都是那么的美好。这些现象说明，人的感觉质量主要是依赖于人的感官的质量。

3. 感觉世界与物质世界对人类等价

人是生活在物质世界中，但是，人真正得到的不是物质世界而是感觉的世界。物质世界与感觉世界就像实物与照片的关系。人在物质世界中得到的不是物质世界本身而是感觉世界。实物与照片模样不会完全相同。如果相机的镜头不同，或者用来感光的材料不同得到的相片是不同的，这就是说同样的真实世界，在人的头脑中的反映是不完全相同的，甚至完全变样。人们不能得到一个真实的世界，只能得到一个感觉的世界，也就是说，我们仅需要照片，而不是必须要真实的世界，换句话说，只要人们的好感觉而不必在乎真正的物质世界。

在没有办法改变照片的条件下，我们只能把实物做得漂亮，才能得到一张好的照片。如果现在有了好的制作手段，即便实物不那么漂亮，我们通过一些技术手段处理，也可以把本来不漂亮的照片美化得非常漂亮。把实物做得漂亮的代价是昂贵的，而把照片美化的代价是低廉的。因此，我们没有必要花那么大的代价去创造一个非常完美的物质世界，我们可以通过一些手段让感觉的世界变得完美就行了。

4. 改造感官比创造物质更划算

从古至今，我们的前人和我们当代人都把创造物质世界看成是我们一生唯一的追求。我们的历史是一个创造物质世界的历史。我们制造了飞机、汽车、空调、电视、手机、音响等等数不清的产品，我们认为有了这些产品我们生活就会变得非常美好。其实我们错了，我们并没因为有了这些产品，我们的幸福指数就比古人的幸福指数高。首先，我们为了制造它而费尽了精力，付出了劳累，然后，我们为买这些产品而整日劳累赚钱，而真正拥有之后，又在为它们操劳，首先学习使用方法，然后是维修保养，我们并没有因此而感到太多的快乐。我们制造这些产品的目的是为了刺激我们的感官，让感官把感到的信号传递到大脑中形成好的感觉。这种方法就是为了得到一张好的照片去改造实物的方法，这种方法的代价是巨大的。人类是生活在一个感觉的世界里，虽然改造外部世界可以给人类带来愉悦，但并未从根本上解决人类的痛苦和欢乐问题。

感觉的形成是由一系列的神经细胞和大脑细胞加工形成的。我们如果把注意力放在神经和大脑细胞中，用一些办法来改变它们的加工方式，就会形成另外一种感觉，如果这种感觉是好的，就是我们所需的结果。我们可以用一些技术直接作用于人的神经细胞，产生好的感觉。我们可以把器官的灵敏度提高，把人的感觉放大，特别是把愉悦的感觉放大。现在世界上的确出现了一些药物，起到了一种放大作用，但这种药物都具有依赖性，具有非常大的副作用和危害性，这种药物就是毒品。如果人类去研究一种药物，没有任何毒副作用，且对感官起到一种放大愉悦的作用，这将给人类带来巨大的利益。也许通过基因工程技术可以将人类的器官进行改造，提高其灵敏度，让人类尽享幸福的感觉。如果一个人很想吃肉，我们可以给他一块豆腐，同时给他一个小药片，让他大脑中产生一种吃肉的感觉，这种办法和真的吃肉又有什么区别呢？人吃多了肉不利于人体的健康，而制造肉的代价要比制造豆腐和小药片的成本高很多（假定），我们又为什么不这样做呢？只要能改变人们的感觉，你吃得任何东西，都感觉香，你住的小平房感觉像别墅，你娶得丑妻子感觉像电影明星，那该是一种怎样的享受呢？人类就不再为钱、为得到某种物品去争抢，不再有战争。

因此，今后我们至少可以把建设一个好的感觉世界与建设一个好的物质世界看成是同等重要的目标，甚至把建设感觉世界看得更重要。感觉世界中包含着虚拟世界，我在虚拟世界一文中指出，虚拟世界可以取代物质世界中的某些功能。虚拟世界的原理是用虚拟物品取代物质世界中的物品，从而达到刺激人的感官的作用。

再讲盲人摸象的故事
——人类的认识偏差

认识你自己。

——苏格拉底

不知道自己的无知，乃是双倍的无知。我只知道自己一无所知。

——柏拉图

凡事不要抱绝对肯定的态度。

——罗素

我们只有先认识到人类自己的不足和缺陷，才能更客观地去认识世界。感官是我们人类认识世界的工具，如果我们承认人类自身的感官不全，那么就得承认我们的认识不能完完全全地反映真实世界的面貌。

一、人类意识的产生取决于人类的感官

学过一点哲学或者生理学的人都知道，人类对自然的认识有两个阶段：首先是通过人的眼、耳、鼻等感官产生感觉，然后由大脑产生知觉和表象，这是认识的第一阶段，叫做感性认识阶段；第二个阶段是由大脑通过概念、判断、推理产生理性认识，叫做理性认识阶段。

因此，人类的感觉器官是认识产生的前提，换言之，人类的意识的产生取决于人类的感官。由于科技的进步，产生了各种科学仪器，如望远镜、显微镜、收音机等。这些仪器的出现，等于放大了人类感觉器官的功能，使得原来我们看不到的物质如细菌、分子等微小物质我们现在可以看到了，原来听不到的声音，现在可以听到了。那么是不是我们人类可以自豪地说，我们人类已经可以感知一

切了呢？每一个科学工作者，必须慎重地回答这一问题。其实我们人类的感官并不是世界上最发达的。研究动物功能的科学工作者会发现，其实许多动物的器官都比我们人类的器官发达。如狗鼻子比人鼻子的功能要发达几十倍，蝙蝠可以用超声波定位，有的动物还有红外线识别功能，许多动物还可以提前感知地震的来临。而我们人类虽然发明了地震仪，却不能像动物们一样精确地预测地震的来临，我们人类凭什么说比动物的感官更好呢？我们甚至没有发现动物的哪些器官能够感知地震的来临，真是可悲啊！

二、人类是残疾儿，人类的认识就像盲人摸象

通过研究动物器官的功能，发现我们人类的器官并不发达，可以说是残疾儿。作为科学工作者，我们必须正视自己的残疾，才能真正地认清自己的真面目，才能给自己的认识下一个准确的定义，才能有一个真正的科学人生观。

说到残疾人，我可以举个盲人的例子。有的人自从出生就双目失明，如果让这样的人来描绘一下世界的面貌会是怎样的？他对世界的认识和正常人对世界的认识是完全不同的。他的认识是：世界万物只有靠触摸才能判断它的形状，万物有声音、有味道，但对色彩的理解只是一种猜想，单纯的猜想。这也许就像我们人类无法理解动物们是怎样感知地震的来临一样。也许地震来临之前有一种现象，这种现象动物们可以看到或感觉得到，而我们人类是看不到也感觉不到的，我们人类对这种现象的认识就像盲人对色彩的认识一样，只是一种猜想。我们人类甚至不相信在地震来临之前会有什么异常现象。我本人也想象不到地震来临之前会有什么异常现象，我们所有的人都觉得一切正常，只是发现动物们的异常表现，仅此而已。没有任何一种动物告诉我们地震来临之前的现象是什么，因为我们根本听不懂它们的语言。

我在前面已讲到，人类的认识基础是感性认识，而感性认识的基础是感官。如果人类缺少了某些感官，而且又没有某种仪器可以替代我们缺少的感官，我们肯定不会发现现实中确实存在的某种现象，我们也不可能想象到某种现象是什么。因此，我们只能承认我们的无能，决不能反过来盲目否定某种现象的存在。

我写这篇文章的目的就是告诫人们特别是科学工作者们承认我们人类认识世界的范围是有限的，而且人类的认识不是全面的而是片面的，人类不是万能的。既然我们承认了人类自身的器官不全，那么就得承认我们的认识也不能完完全全地反映真实世界的面貌，这就像盲人摸象一样。同样的一只象，我们人类的认识是一种样子，而对别的动物就会是另一种样子。因为我们与别的动物的器官不同，因此产生的认识也不同，因此，我们对世界的认识只能代表我们人类的一方，不能代表所有的动物世界，假如有外星人的存在，我们与他们的认识肯定存在很大的差异。

三、我们要正视自己的残疾，向动物们学习

我们再来研究一下人类的认识精确度。同样是人，有的人嗅到汽油味觉得味道很好，而有的人觉得味道难闻至极，这是为什么？同样的人为什么认识就不同呢？同样是大粪，人闻起来很臭，躲得远远的，而狗鼻子比人灵敏几十倍，它更应该知道大粪是臭东西，它反而去吃，这又是为什么？还有我们看的电影，它是一张张胶片的投影，而我们感觉画面的动作是连续的，其实电视和电脑的画面都是不连续的，而我们对此却感觉不到，这又是为什么？第一个汽油味的例子证明了同样的物质两个人产生了两个完全不同的认识，何况不同种类的动物呢？同样的物质在不同的动物（人也是动物的一种）的大脑中产生的认识是不同的。人是会推理的动物，我们是不是要重新审视我们对自然界的认识呢？我们都已完全习惯了称大

千世界是一个七彩的世界，是不是真的是七彩世界呢？在别的动物的眼里是不是可能是七千彩、七万彩世界呢？也许就是黑白二色世界呢？七彩的差别不就是光波波长不同吗？我们已经习惯的味道如香、臭、苦、甜、酸、辣等几十种味道仅此而已吗？是否可以用上千种上万种味道词来描述呢？其实科学实验已经证实，狗鼻子可以分辨出上千种味道。对我们已经非常习惯的物质世界，几乎所有的人都坚信物质不灭，但还是被科学实验证实，物质可以转化为能量，而能量也可以转化为物质，物质不灭的认识又错了。通过这些例子，我们明白了什么？我们要重新研究人类认识的科学性问题，我们再也不能像以前一样完全相信我们的感官和感觉了，我们也不能完全相信我们的大脑了。有人说，我们连自己的大脑都不相信，还相信什么？我要说的是我们在使用大脑的时候，要想到我们使用的是有误差的大脑，是加入人类感性色彩的大脑，因此，我们要把最终的思考结果加入一定的参数来修正，这个参数是什么？这个参数就是我们人类的感性误差。要想得到这个误差，就必须跳出人类的一般性思维，向动物们学习，用其他动物以及外星人（假设有）的视角去观察和判断物质的属性，这样就可以发现人类思维的偏差。

人的意识是物质运动所产生的一种反映。这种反映不可能做到像平面镜子一样能够完全反射出物体的原貌，因为人类的认识是由感觉—知觉—表象—概念—判断—推理一连串的生理及心理活动产生的结果，在这个加工过程中，肯定会发生物质的原貌被扭曲的现象，因此就产生了盲人摸象的后果。我们要正视这一结果，从人类以外的视角重新思考这一现象，找出我们的偏差。在这里，我暂且把第三者的视角称为第三只眼，我们不仅要用人类的双眼看世界，也要学会用第三只眼看世界，这样才能比较真实地反映世界，我这里说的“比较真实地反映世界”，是因为人类的认识的正确性是相对的，这与真理的相对性一样。

人类认识世界是一个由认识到实践再到认识再到实践循环往复以至无穷的过程，每一次认识都向真实的客观世界迈进一步。这也完全符合马克思主义的哲学思想。只不过我在这里把人类认识世界的方法作为重点提出来，并把人类认识的片面性作为重点来研究，但要声明的是，人类的每个层次的认识都有一定的实践意义，我并没有否定人类认识的能动性，只是要重视认识的局限性。科技在进步，人类认识世界的准确性会越来越高，我们决不能固守原来的认识，因为认识过程是一个发展的过程。

1+1 在什么情况下=10
——真理的适用条件与范围

真理和谬误，正如一切在两极对立运动的逻辑范畴一样，只有在非常有限的领域内才具有绝对意义。

——恩格斯

整个人类历史还多么年轻，硬说我们现在的观点具有某种绝对的意义，那是多么可笑，谁要是在这里猎取最后的、终极的真理，猎取真正的、根本不变的真理，那么他是不会有什么收获的。

——恩格斯

只要再多走一小步，仿佛是向同一方向迈的一小步，真理就会变成错误。

——列宁

一、什么是真理的适用条件与范围？

真理有相对真理与绝对真理，任何真理都是相对的同时又是包含绝对真理的成分，无数相对真理的总和就是绝对真理。真理的相对性说明真理是有适应范围的。任何的真理在一定适用条件和范围内是真理，但超出后就会成为谬误。真理是对客观事物的正确认识和反映。我们通常在提出一个真理时，往往没有对真理的适用范围进行详细描述。例如：水加热到100°C时就会转化为气体。这是一个真理，但这个真理必须有很多受限制的适用条件和范围。水加热到100°C会变成水蒸气：第一个适用条件是必须在一个标准大气压下；第二个条件是水中无其他的化学成分；第三个条件是水的周围没有电磁波、超声波等外界因素的干扰；第四个条件是……经过研究会发现很多的条件。这些条件我们往往习以为常地忽略了，因为我们人类生存的环境本身就是一个特定的条件，这些条件我们往往忽略了，误导我们认为在其他环境、其他条件下也会得到这样的结果。再例如哥白尼的太阳中心说，它是不是真理呢？根据当时的科技水平，我们人类只能观测到太阳系的运动规律，在太阳系的范围内，宇宙中心说较之地球中心说肯定是更正确，它是真理，但在整个银河系中，太阳中心说就是错误的。同样，地球中心说起码认识到地球是一个球体，较之天圆地方的学说则更加科学，这个理论在一定的时代也是真理。对于只知道日出而耕，日落而归的农民，地球中心说也就足够了。再如，地表上空的石头，在没有其他物体承托的情况下，会坠落在地面上，这个结论应该也是一个真理。你可以举出很多的例子来验证这一结论。我们大家经常看到，任何重物只要抛向高空，肯定会落在地上。绝大多数人绝对不会质疑这一结论的。如果我们的实践活动还没有涉入到天文学、航天学，我们不会发现这一真理的适应范围到底是什么。了解一些航天技术的人知道，我们发射了地球同步卫星，它看起来是停在天空中不动的，它既掉不到地上，也不会从上空飞走。如果按照上一真理，卫星肯定是掉在地上的，这就说明上一真理在这里转变成了谬误。如果卫星再距地面稍微低一点点，卫星就会掉落在地面上，就符合了上一真理。因此，地面同步卫星的高度就是上一真理的适应范围。

二、适用条件与范围的确定取决于实践活动

实践是检验真理的唯一标准，但实践也是在一定条件下实现的，如果条件不具备，实践也不可能实现。例如：鸡生蛋——鸡比蛋早和蛋生鸡——蛋比鸡早哪个是真理呢？我们现在的科学实践已经证明，这两个都不是真理，因为进化论已经证明，鸡和蛋都是从单细胞生物转化而来，鸡和蛋本身都不是始祖。但如果我们没有的科学手段，假

设我们只看到了鸡生蛋，从来没有见过蛋还可以生出小鸡，我们就会认为鸡生蛋——鸡比蛋早是真理，因为蛋生鸡我们并没有实践的经验，我们只实践了鸡生蛋。反之，我们就会认为蛋生鸡是真理。因此鸡生蛋、蛋生鸡在一定的条件下是真理，但在另一条件下都不是真理。

因此，我们不能只抽出真理的描述，而忽略了真理的适用条件和范围，认为只要是真理就可以用在任何环境和条件下。不论是在科学界还是在哲学界，真理都有它的适用条件和范围。真理都是在一定的条件和环境下发现的。其实找出真理的适用条件和范围比发现真理本身更难。只有实践活动的范围比以前扩大或者更进一层的真理发现之后，才能发现原来真理的适用条件是什么。比如，发现了能量物质相互转化的量子理论之后才知道能量守恒、质量守恒的适用边界条件，发现了宇称不守恒的理论之后才知道宇称守恒的边界条件。我上面讲的石头落地的真理适应边界的发现是在我们的科学实践活动范围扩大之后才做到的。

三、真理与谬误在适用条件与范围以外可以互相转化

恩格斯指出："真理和谬误，正如一切在两极对立运动的逻辑范畴一样，只有在非常有限的领域内才具有绝对意义，只要我们在上面指出的狭窄领域之外，应用真理和谬误的对立，这种对立就变成相对的。因而对精确科学的表达方式来说就是无用的。但是，如果我们企图在这一领域之外把这种对立当做绝对有效东西来运用那么我们就会完全遭到失败，对立两极都向对立面转化，真理变成谬误，谬误变成真理。"所有的真理都有它的适用条件与范围，超出它的适用条件与范围真理就会变成谬误。同理，所有的谬误也都是有它的适用条件与范围，超出它的适用条件与范围谬误后（当然也必须在新的、特殊的适用条件与范围之内），它也可以成为真理。如，地表上空的石头，在没有其他物体承托的情况下，会坠落在地面上，这个结论应该是一个真

理。地面同步卫星的高度是这一真理的适应范围，超出这一范围后，真理就变成谬误。地表上空的石头，在没有其他物体承托的情况下，不会坠落在地面上，这个结论是一个谬误，但是如果超出同步卫星的高度后，它就变成了真理。再如“人的粪便是臭的”，这是一种正确的结论，它是真理，但它是有适应范围的，它的适应范围是人类以及部分的动物。对人类说它是臭的，而对狗来说，它又是香的，否则狗为什么会吃它呢？汽油味对某些人来说是好闻的，而对另一些人来说，它是难闻的，恶心的。对于我们生病之后吃的药来说，如果“药是治病的”是真理，那么“药是致病的”说法就是谬误。它虽然是可以治病的，但是如果用量过大，它又是另一种病的致病原因。药的用量就是真理的适用范围。世界上没有任何一种药没有副作用，副作用是致病的诱因。如果有人问：世界万物（包括事件）果真全部都是这样吗？我的回答是肯定的。只不过每件事物的对与错，好与坏的对应例子找起来需稍费一些时间罢了。比如大家都认为时间与空间都是均衡的，是永恒不变的，在一百年以前我们认为这一真理是适用于任何条件和范围的。这一真理已经被伟大的物理学家爱因斯坦纠正了，这一真理的适应范围仅限于静止或者低速运行的物体。经过科学实验证实：时间长短和空间大小与物体运动的速度有关，并不是不变的。当物体的速度达到光速时，物体上的时间为零，空间也为零。如物质不灭定律，这在几十年前也被认为是适用于任何条件和范围的真理，现在也已经被量子科学纠正了，物质不灭定律对于核子反应是错误的。

任何的真理都有它适应的条件及范围，适应的条件及范围变了，它的真理性质也随之改变，因此真理是相对的。既然真理都是相对的，何况普通的认识了。在十进制的算数中 1+1=2，但在二进制的算数中 1+1=10。你说地球是大的，我也可以说地球是小的。你从人的视角看地球，觉得它是大的，我从太阳系的视角看地球就是小的。你说糖是甜的，我说糖是苦的。你吃糖时身体很正常，我吃糖时生病了，吃什么都觉得是苦的。你会说我在狡辩，我也可以这样回答：对某些生物来说，糖是苦的，只不过需实验的检验。即便是像物质不灭定律那样的真理都可以找到它的适应范围，我想找出糖是苦的这样的反例应该是很容易的。只不过我没有花很多时间，这个反例留给大家举吧！

通过以上的例子，我们对任何的命题都可以找出它的反例来否定。因此对任何事物可以说好（对），也可以说坏（错），只不过我们站的角度不同，或者说适应的条件及范围不同。因此，对哲学史上的任何流派我们可以说它对，也可以说它错。说它对，有对的理由，说它错，也有错的理由。

四、不要用甲真理的适用条件与范围套用乙真理

在哲学界有许多哲学流派，各学派之间争辩不休，各自说自己的是真理，把和自己对立的学派说成是谬论。这些争辩大多是徒劳的，在没有搞清楚对方观点的适用条件和范围的情况下，把对方的观点套在自己认为适用的条件和范围内检验它的正确性，本身就是一种错误的做法。每一种理论都有它的出发点和适用条件，但往往每种观点（或真理）并没有把适用的条件和范围描述清楚，因此会出现争辩不休的情形。我们应该站在一个科学的立场上去分析别人的观点，如果对方的观点适用条件不清楚，我们可以给些补充，但不能上来就妄加批判，把对方的说成谬论，把自己的说成真理。对于一种哲学思想的提出，提出者一般都有一些论据来支持和论述这一观点的正确性。这从侧面间接地给出了这一思想的适用条件和范围。但论据不可能描述得那么详尽，因此适用的条件和范围往往是模糊的。这就会给别人留下攻击的把柄。我在前面已经说明，即便是谬误，在一定的特殊条件及范围之内也可能成为真理。因此，如果你是一个哲学工作者或科学工作者，首先要有一个海纳百川的胸怀，要审慎地对待真理、谬误以及一般的认知观点。

物质可以被消灭，唯物论是对的吗
——物质与意识的关系

唯物观

物、物质无非是各种物的总和，而这一概念就是从这一总和中抽象出来的。

——恩格斯

唯心观

存在就是被感知。物质是观念的集合。

——贝克莱

物是感觉的复合。

——马赫

心外无理、心外无物、心外无事。

——王阳明

世界是绝对观念的异化，物质世界是绝对精神的外化，绝对理念是万事万物的本源。

——黑格尔

人是万物的尺度，是存在者如何存在的尺度，也是非存在者的尺度。

——普罗泰戈拉

物质与意识的关系问题是哲学的基本问题。我同意恩格斯的唯物观。唯物观当然也要根据实践的发展而不断完善。本文就是依据最新的科学实践活动，针对唯物主义的发展问题，提出了自己的一点拙见。

一、物质的概念

在几百年前，人们把能看得见、摸得着的东西称为物质。后来，随着科技的进步，人们在空气中发现了氧气和氮气分子，把看不见摸不到的空气也称为物质，后来在物理学中把有质量的东西称为物质。恩格斯的定义是：物、物质无非是各种物的总和，而这一概念就是从这一总和中抽象出来的。而列宁对物质的概念有了更精确的定义："物质是标志客观实在的哲学范畴，这种客观实在是人通过感觉感知的，它不依赖于我们的感觉而存在，为我们的感觉所复写、摄影、反应。"在恩格斯的定义中，物质是可以被我们的感觉感知的，他没有说感觉中是否包含思维或认识。我们可以感知的东西是物质的各种物理参数，如颜色、温度、重量、气味等等。列宁并没有说物质的概念中是否包含能量。能量也是不以我们的意识为转移的客观实在。有些能量可以直接被我们的感觉感知，如：可见光、温度、力、电等；有些能量不能被我们的感觉直接感知，如：电磁波、超声波、红外线、紫外线、x 射线以及各种射线等等，但可以借助仪器发现和判断这些能量，也可以被我们所认知；而有些能量，凭我们的当今的科学水平是发现不了的，如：宇宙暗能量。因为我们没有发现它，所以它不能被我们的感觉所感知，也不能被认知，只能通过逻辑推导被我们所猜测。随着量子物理学的发展，发现物质可以消失转化为能量，能量也可以转化为物质。在物理学中，物质和能量是不同的概念，物质是有质量的，能量是没有质量的。因此，在哲学中如何给物质下定义是一个非常值得研究的问题。我个人给物质的哲学定义是：物质是能够独立体现出其某些物理特性或能够独立转化为某些物理特性的客观存在。物质的概念中应包括能量。真空虽然也是不以人的意识为转移的客观存在，它没有物理特性（只有空间几何特性），它是否可以转化为有物理特性的存在，我们现在还不能实现，我现在不能把它列入物质的范畴。

二、物质是第一性的，意识是第二性的

物质与意识哪个是第一性的问题，在哲学界争论了两千年。唯物主义者认为物质不依人的意识而存在，物质决定意识，意识是人脑对物质的反映，意识对物质有能动作用。以黑格尔为代表的唯心主义者认为精神是世界的本源，物质是人脑对精神的表象。即意识在先，物质是意识的表象。

三、意识不能离开物质载体而独立存在

意识是人脑对物质的反映，人脑也是物质，因此意识是物质对物质的反映，也可是说意识是物质相互作用的反映或者意识是物质运动的反映，因此意识与物质的运动分不开。

物质与物质之间不发生相互作用，就不存在意识。意识是以物质作为载体而存在的，意识不能离开物质而独立存在。

如计算机的软件程序和人的意识有相似性，初看起来计算机的软件可以独立于硬件而存在，仔细分析我们就会明白软件不能独立于硬件存在。计算机程序是由刻在硅片中的物理小开关实现的，0 代表断电，1 代表通电，许多个通电和断电的动作就是计算机程序的本质。人的大脑的也如同计算机的硅片功能一样，大脑中的神经细胞通过各种磁电信号传输实现意识（软件）的功能，如果没有神经细胞这样的物质，如果没有神经细胞之间的磁、电（物理的及化学的）信号传输，意识即不存在。

因此，神经细胞是意识的载体，神经细胞的相互作用（物理、化学的变化）就是意识出现的根源。可以说意识就是物质的物理、化学信号的符号，是在动中形成的，物质停止运动，物理化学信号不会出现，意识也就不会出现。

四、意识不能独立地对物质产生能动作用

以上我已阐明意识是物质在运动中产生的符号，这个符号不会独立存在，它是以物质作为母体的。我这里说的符号不同于电、磁脉冲（它应属于物质范畴），这种符号不具备物理、化学性质，就像计算机程序的源代码一样，源代码只是代码，它本身不是电脉冲信号。源代码只有通过电脉冲才能使计算机产生反应。我们大家一般都以为源代码会直接对计算机产生作用，这是对计算机原理不明白产生的印象。源代码在导入计算机时，是通过键盘或光驱进行的。键盘和光驱会以电脉冲的形式向电脑发动指令，若源代码本身对计算机发动指令计算机是不反应的，因为源代码是符号。

通过计算机的工作原理，我们可以明白，人的意识本身也不会对物质独立地产生作用。只有物质才能推动物质，物质的影子是不能推动物质的（我这里说的物质包含了磁、电）。有果就有因，没有因的果是不存在的。

我们习惯上认为，我们的意识可独立地对物质起到能动作用（推动的作用），是因为没有认识到意识的本质。意识只是物质的影子，它不能推动物质。我们大多数人认为我们自己想干什么就干什么，完全是自由的，这里的自由忽略了因果律。比如，我想吃饭，我就能吃到饭，这里的“想”是一个意识，好像是偶然产生的，它是吃到饭的因，同时它也是上一个因的果。这个果的因是什么，我们一般都会忽略，其实这个“想”的出现是人脑细胞接受了某种刺激，这种刺激可能来自于自身的饥饿，由胃神经细胞向脑神经细胞发出了难受的信号（电磁脉冲），脑细胞在接收到信号（电磁脉冲）以后形成“想”的意识。你可以说：“我根本不饿，我就想吃饭，我是随意地想”。我也可以解释这个“随意”，这个“随意”其实是大脑的“随意”思维区的细胞在活动，这种活动与“想吃”的意识

细胞发生电磁脉冲作用后就产生了“想吃”的意识。可见“想吃”不是凭空出现的，它是脑细胞运动的结果。“想吃”的意识产生后，“想吃”的脑细胞向肌肉细胞发出电磁脉冲，因此就有了行动，这就完成了一个行动闭环。在这个循环中，看起来好像是意识在主导一切，好像意识可以指挥一切行动，其实这只是一种现象。在指挥一切的不是意识本身而是产生这种意识的脑细胞，脑细胞是意识的载体。离开脑细胞这个载体，意识根本就不存在。意识指挥物质实现了行动只是事件的现象，物质（脑细胞）指挥物质实现了行动才是事件的本质。我们绝大多数人都习惯于把事件的现象当成了事件的本质。

因此，“意识对物质有能动作用”这句话应表述为“意识的载体物质对物质有能动作用。”

我们人类想当然地认为我们的意识是绝对自由的，如果我们认为意识是绝对自由的，就等于我们否认了因果律，也等于我们承认了绝对偶然性的存在，也等于我们承认了意识可以独立于物质之外存在。这种认识是违背科学规律的。

我们的意识是完全依赖于物质的运动本身。人的聪明与愚笨，不是在于意识的本身，而是在于人的脑细胞的构造及其运动规律。如果人的意识是绝对自由的，每个人都可以成为科学家，这是不可能的。当然，人脑的构造及其运动状态一方面是天生的，另一方面也在于实践的锻炼。我不认同宿命论，宿命论完全否定了人的意识能动性，但我也不同意把人的意识看成是无所不能的。因为人的意识完全受大脑细胞这种硬件的制约。人的意识要想有大的突破，不要在意识本身去找原因，要在人的大脑上下功夫。要改变人的大脑结构，人类就可能有一个大的飞跃。

五、意识不能全真地反映物质

意识不是物质在镜子中的影像，它不能完全反映出物质的原貌。因为意识的形成过程是这样的：外部物质刺激了人的感官（眼、耳、鼻、皮肤等），由感官产生感觉，然后由大脑产生知觉和表象，然后由大脑通过概念、判断、推理产生理性的认识（意识）。人的大脑是一部物质机器，它把外界的物质当成了原材料，然后通过各种复杂的加工程序加工出产品，这个产品就是意识。因此，产品与原材料之间有一定的关联性，但产品与原材料的性质是不同的。我们不能武断地说产品与原材料是一回事。我也可以把人的大脑比喻成一部照相机，照相机把山拍成照片，照片代表人的意识，山是物质，但照片与山之间在单个角度上是相似的，但在不同的角度，山与照片是完全不相似的。这就说明意识在某些方面是部分地近似地反映了物质的原貌，但不是全部。因此，意识不是像镜子中的影像能全真地反映物质的原貌。

六、物质具有物性和灵性两个方面

既然意识是物质本身产生的，它不是独立存在的，是与物质伴生的，我们就可以把物质直接理解为具有物性和灵性（意识性）两个要素。意识是人脑的反映，但意识并不是人的专利，生物也有意识。生物分高级生物和低级生物，高级生物是人类和一些大脑比较发达的动物，而最低级的生物是单细胞生物，如细菌。对于低等生物来说，我们很难描述它们的意识，但可以把它们的低等“意识”，称之为“灵性”。物质的灵性存在于任何物质之中或者与物质同时存在。

我们可以把物质的灵性看成是物性的影子。灵性是构成意识的基本要素，这种灵性可以理解为是物质运动的一种符号，它是由电、磁、光脉冲构成的符号。

“无中生有”对吗
——论有和无

世人大多依据两大立场，一个是“有”，一个是“无”。如果人们凭着真正的智慧，如实观察世间万物的产生、出现，在世间就不可能有“无”。如果人们凭着真正的智慧，如实观察世间万物的灭亡、消隐，在世间就不可能有“有”。“一切事物都是存在的”这是一种极端立场；“一切事物都是不存在”这是另一种极端说法。完成了清净人格的人，皆不近此两种极端，而取乎中道。

——释迦牟尼

（应用超越哲学的视角阅读和理解本篇文章，否则，这篇文章在你的视角内就是谬误）

当大家看到这个题目时，会觉得这个题目没有论述价值。因为谁都知道有就是有，无就是无，它是不可争辩的。但当细细琢磨，为什么会有“有和无”呢？我们绝大多数人都会回答这个问题：有和无的概念是人们为了方便对事物的分析才定义的，没有有就没有无，他们两个是对立的概念，就像好与坏、黑与白、对与错的概念一样。那么再追问下去：到底是否存在绝对的有和绝对的无呢？绝大多数人都会回答：有和无是无可争议的，当然也是绝对的。这些回答或这些认识是符合唯物主义认识论的，也符合唯心主义的认识论。唯心主义认识论中认为精神是存在的，唯物论认为物质是存在的，这里的存在的意思就是认定有是绝对的。

到目前为止，在哲学领域，存在本身是不容置疑的，“存在”和

“不存在”（无）本身是真的，具有绝对的意义，而不能说是假象。虽然黑格尔对有和无有辩证的解释，但是我的视角和他是不同的，我是从超越人类的视角来分析的。据我个人的观察，目前只有佛教对存在（有）与哲学有不同的认识。佛教说：色即是空，空即是色。万物皆空的空不能理解成无，空既不是无，也不是有，它是非有非无。这个空的概念是让人悟出来的，它并没有一个总的概念的定义。凡夫俗子是不理解“空”的概念的。因此佛教对空的解释用了很多的文字，也出了很多的经书，这让一般人很头痛。

在哲学史上，有的哲学家如马赫把物质世界理解成是（感觉）要素的复合，有的哲学家干脆否定物质的真实存在，如贝克莱等。但西方的这些哲学家并没有怀疑人的思维和感觉本身是真实存在的。即在西方哲学中，无论是物的存在，还是精神的存在，总之存在是存在的，是真实的，也就是说有就是有无就是无。

我认为，佛教比哲学在认识上面又进了一步，只是佛教没有从认识论的角度去解释有和无的问题。我来尝试着解释这一问题。我认为，有和无是对人的存在而言它是绝对的，这里讲的必要条件是“人的存在”，如果人不存在了，“有和无”也就没有立足之地了。可见，有和无是人产生的，是人的认识产生的，最终归结为是人的感觉产生的，感觉是幻觉，因此，有和无并非是世界的本源性的。在世界的本源中本来不存在有，也不存在无。世界的本源具有的性质我称之为“灭”，这个灭可以理解为湮灭。这个灭不能理解为无，也不能理解成有。灭可以产生有和无，产生的必要条件是：人的产生（包括有思维的动物）。老子说：万物生于无名，这个无名可以理解为灭，佛教的空也可以理解为灭。

自从我们的生命有了思维后，我们就有了有和无的分别，我们把有和无看成是绝对的，我们会固执地认为存在是一定存在的，无中一定是没有的。我在《感觉论》中列举了很多例子，如颜色、声音、味道、力等均是我们的幻觉，物质也是可以消灭转化为能量的。我们认为存在的东西，找来找去发现是不存在的，是空的，是我们的幻觉；真空的东西，我们认为是无，将来总有一天会发现它也可以产生东西，无也是无立身之地的。但是，即便所有的物质都化为了幻觉，在哲学领域仍是坚信幻觉本身是存在的——这是哲学界的最后的一块领地了。这块领地就是笛卡儿所说的：我思故我在。但是，幻觉本身也是我们的幻觉，又怎么证明幻觉本身是存在的呢？无论是唯物学派还是唯心学派，都会认为幻觉本身是存在的，而不是认为它本身也是幻觉，这就是为什么在哲学领域不能突破有和无的认识的原因。

按照上帝的旨意办事不会错
——论规律

世界比我们伟大，不会按我们的想法行事；我们比世界渺小，必须遵循它的法则。

——本杰明·惠奇科特

不论做什么事，不懂得那件事的情形，它的性质，它和它以外的事情的关联，就不知道那件事的规律，就不能做好那件事。

——毛泽东

一、什么是规律

自然规律是物质的天然属性，也是物质运动规范性和重复性的规则。如物质加热后会散发红外线、发光，形状也会改变，这是物理属性。生物基因的不同组合会形成不同种类的生物，这是生化属性。任何物体之间都有吸引力，两种物体在静止的状态下会向一起运动，或者一种小物体围绕另一个大物体呈椭圆运动，这是物体的运动属性，是牛顿的万有引力定律。实际上任何的物理学定律、化学定律、生物学定律都是自然规律的体现。物质的属性和运动规律是有千万种之多，简单规律与简单规律之间复合后形成复杂规律。

二、社会规律遵循自然规律

人类社会的规律是自然界中的简单规律复合的结果。人类社会是在自然界中产生的，它的运动规律同样是自然规律的体现，只是社会规律更加复杂，有些规律看起来非常的神秘，以至于让人把这种规律当成了神的力量。如人类社会的生死规律，它是自然规律的体现。一个人从生到死，细胞在不断地复制，一代细胞死去了，另一代细胞产生了，细胞每复制一代，它的基因组合就会有所变化或者突变，因此各种疾病就随之而来。当细胞复制达50代以上，细胞的活力就会大大下降，因此，整个儿机体就会进入衰老期，死亡逐渐逼近，这就是生死规律。再如人类社会所发生的瘟疫，是由病毒和病菌生殖规律所决定的，地球上所发生的海啸、洪水、干旱灾难是由气候运行规律所决定的，地震是由地球自身的运动规律所决定的。因此，人类社会出现的一切现象都是由自然规律所决定的。

三、规律不可改变但可以利用

我们人类所能做的是认识这些规律，去利用这些规律改变事件的结果，而不能改变自然界的运动规律。例如，对于瘟疫我们不能改变病毒和病菌的繁殖规律，但我们可以在它们繁殖的过程中加入某些药物，直接杀死它们，也可以使它们失去繁殖能力，或者加以基因改造，使它们的基因构造发生改变，从而丧失它们的毒性。

任何事物一旦形成，就有它形成的道理，也就是说它的形成背后都有规律的支配，我们不能指责它的形成。即使我们指责它，又有什么用呢？我们应该看到它形成的原因是什么？其背后的规律又是什么？只有我们弄清楚这些规律，我们才有办法控制有害的事件今后不再发生。例如我们身边有些恶人，他们会杀人、抢劫、偷盗，作为老百姓，我们不要一味地埋怨，或者一味地憎恨他们，我们也要从规律出发，去了解他们，甚至去同情和帮助他们。作为国家政府机关，对这些人加以惩处只是一方面，但更重要的是要找到这些恶人出现的原因是什么？其背后的规律是什么？只有弄清楚这些规律，才可以对这类现象加以根除，否则可能会按下葫芦又起来个瓢。有的杀人犯，其形成的原因不仅仅是社会原因，有些是因为他们个人的疾病导致的。有科学记载，有些杀人犯他们的基因与正常人不同，有许多犯罪行为是由各种心理疾病所导致的。如果是这些原因导致的，一个国家仅对警察加大投资和管理力度是不能根本解决问题的，那就需加大医学方面的投入，及早诊断出一些人的疾病，提前加以防范。我们做任何事情都要从规律出发，我们绝大多数人都未能做到这一点。

人和虫子是一个祖先，你信吗
——量变与质变

观察量变与质变需要有观察的角度，角度不同，观察到的结果会大相径庭。人类是宏观的物体，如果我们站在人类的角度去观察世界的确存在质变，如果我们站在超微观的角度去观察世界，就不存在质变。因此，量变是绝对的，质变是相对的。

用世界二元素论的理论来解释量变和质变就会与传统的量变、质变理论有很大的不同。

传统的辩证法认为：量变引起质变，量变到一定的程度必然引起质变；质变后物质的物理性质发生了根本性的变化。如水降温达到一定程度变成了冰，水加热到100℃就变成蒸汽。冰、水、汽是三个质变过程。再如 O_2 和 H_2 化合形成 H_2O，形成了质的变化。其实冰、水、汽、O_2、H_2、H_2O 都是我们人类给予它的概念，这是我们人类凭借自己的感觉给予它们的概念，因为我们人类身体的体积比 O_2、H_2、H_2O 分子的体积大许多许多，我们是从超宏观的角度去观察这些物质的状态。假设，我们人类的身体体积很小，小到可以在 O_2、H_2 的原子上居住，我们从超微观的角度去观察这些 O_2、H_2 以及 H_2O 分子，会认为它们有质的变化吗？我们会为认为 O_2 原子就像地球，O_2 原子的电子就像月亮一样，O_2、和 H_2 进行了化合，就像两个大的星体互相拉近了许多，H_2 原子成了 O_2 原子的卫星。我们从这样的角度看，是否会把这种化合过程看成是物质的质变的。

冰与水和水汽其实是同一种物质，化学元素完全相同，只是分子的距离远近及排列顺序不同而已。人类凭自己感观认为冰是不流动的物体而水是流动的，是不是冰真的不流动呢？冰在一定力的作用下也是可以流动的，如果地球的引力增大几十万倍，它也可能变为流动的。

我们通常认为质变是非常不可思议的，如水变成冰，感觉冰是硬的东西，水是软的东西，O_2、H_2 化合成水，它们的物理性质很不相同，其实这些物理性质也是我们人类从宏观的角度给予的一种定义，我们如把水与冰所谓的本质研究透之后，就会发现，它们并没有什么本质的区别，只是因为我们感觉造成了错觉，才把它的“本质”给人为区别开来。

我们认为，人类和猿猴是两种不同质的动物，从猿到人的演变也是质变的过程。如果我们从人类的进化史来研究，究竟是哪年、哪月、哪天发生的质变呢？可以说这种“质变”发生的时间非常漫长，我们看到是量变的过程，其实人类的98%的基因与猿猴的基因是相同的。如果从超微观的角度去观察这一变化，更是一个纯量变的过程，它只不过是基因的不同组合而已。

因此，质变只是一个相对的概念，是看人类站在哪个认识角度去给物质的变化做定义。站在超微观粒子（即我的二元素粒子）的角度去定义，世界上任何物质的变化都是量变的过程，不存在质变的过程，从超微观角度产生的观点我可以定义为超微观粒子观。量变与质变可以这样重新概述：量变是绝对的，质变是相对的。量变是自然界的自然规律，是永恒的，质变只是人类认识世界的概念或暂时定义，是对量变结果的一种计量办法。

到底质变这个概念是不是还有它的存在价值呢？回答是肯定的。它的作用在于人类用它来区分世界万物，没有质变的概念，世界上的物质都变成了一个模样。但不能被这个概念左右了我们的视线，不要认为一个物体发生了质变，它与原来的物质就没有关系了。

我们人类很不情愿把质变概念给予取消，是因为我们并没有把质变的本质弄明白，我们的科学技术还没有达到搞清许多物质“质变”本质的高度。留着质变的概念，确实方便了我们人类的认识。我也认为不要取消质变的概念，我们确实没有生活在电子上面，但希望超微观粒子观会给科学界一些启发。

上帝会掷骰子吗
——必然性与偶然性

被断定为必然的东西，是由纯粹的偶然性构成的，而所谓偶然性的东西，是一种有必然性隐藏在里面的形式。

——马克思、恩格斯

上帝不会掷骰子。

——爱因斯坦

人在生存每一瞬间，都是在必然性掌握之中的被动工具。

——霍尔巴赫

人是生而自由的，但却无往而不在枷锁之中。自以为是其他一切的主人，反而比其他一切更是奴隶。

——卢梭

一、传统辩证法中的必然性与偶然性

必然性是指客观事物发生联系和发展过程中一种不可避免、一定如此的趋向，必然性产生于事物的内部根据、本质的原因。偶然性则表明客观事物发展过程中存在的一种有可能出现、也有可能不出现的趋向，也就是事物联系和发展中不确定的趋势。偶然性产生于客观事物的外在条件、非本质的原因。必然性和偶然性在客观事物发展过程中有着不同的地位并起着不同的作用。必然性是事物发展过程中居支配地位的、一定要贯彻下去的趋势，它决定着事物发展的前途和方向。偶然性则相反，它对事物的发展只是起着加速或者延续的作用。必然性和偶然性又是统一的。表现在：其一，必然

性不能离开偶然性，必然性总是存在于偶然性之中并通过偶然性表现出来，必然性要通过偶然性为自身开辟道路。其二，偶然性也不能离开必然性，偶然性总是表现着必然性，补充着必然性，受必然性的制约。其三，必然性和偶然性在一定条件下可以相互转化。在一定条件下为必然的东西，在另外的条件下可以转化为偶然；在一定条件下为偶然的东西，在另外的条件下也可以转化为必然。

一个人开枪向靶子射击，如果这个人的射击经验丰富，正常情况下都会打中目标，这就是必然性。在这一过程中，也有偶然性的存在。如果在射击的过程中，突然有一只鸟经过靶子前方，子弹可能会射中鸟而不是靶子。当然偶然性的因素可能有很多种：有射击者的原因，如手的抖动；有枪的原因；如枪发生故障；有空气的原因，如风雨，等等。因此，必然性是指事物如果依据某种规律或已知的条件去发展应该出现的固定结果，而偶然性则是指事物在发展中受很多未知的条件影响，从而会出现多种可能性。如果事物在发展中的所有的未知条件都被我们搞清楚变成已知的条件，那么偶然性也就没有立足之地了。那么我们是不是能够搞清楚事物发展中的所有未知条件呢？一个事物的发展会受到数不清的未知条件的影响。就拿以上打靶的例子来说，是否能打中目标，受到多种因素的影响，仅仅人的因素就无法搞清楚，手、眼、脑、姿势、心理状态、疾病等都会影响结果。因此，偶然性因素是我们不能认识或不能够准确掌握的事物发展中的内部或外部的条件。

偶然性与必然性的提出，对我们判断事物的发展趋势具有很好的指导作用。

二、以超微观视角看待必然性与偶然性（超越哲学的视角）

事物的发展受到必然性因素（确定条件）和偶然性因素（多种不确定条件）两大方面的影响。当偶然性因素不出现时，事物的发展就会只有一个必然的结果。当偶然性因素中的某个因素（条件）出现时，就会对事物的发展趋势产生影响。实际上，偶然性因素中的某个因素（条件）的出现本身就标志着出现了新的事物。这一新的事物就是偶然性因素中的某个条件（称作 a 事物）。a 事物是由 A 事物发展而来的，A 事物的发展也是受到必然性和偶然性因素的决定，如果这样一直推演下去的话，事物的发展是由无穷多数的必然性因素和一组终极的偶然性因素（无穷小）决定。可见，如果这一组终极的偶然性因素（无穷小）是确定的值，那么，事物的发展就只由必然性因素决定，偶然性因素的也就不存在了。我们还可以这样理解，既然所有的偶然性因素最终都可以归为无数多的必然性因素和量值无穷小的偶然性因素之和，我们就可以忽略量值无穷小的偶然性因素（按照数学逻辑，无穷小等于零），那么偶然性因素也就等于必然性因素。

从以上的推论可以看出，某一层级的事物发展是由下一层级（更细微的因素）的事物所决定的，如果下一层级的事物是确定值的话，这一事物的发展就会只呈现必然性。例如人类是从原始生物进化而来，人类的进化过程呈现了大量的偶然性，实际上生物的进化是由基因突变造成的，如果我们掌握了引起基因突变的条件和原理，人类的进化过程中的偶然性也就成了必然性了。再举一个例子：若干年前的天气预报很不准确，那是因为当时的计算机速度太慢，没有气象卫星，许多因素无法认识和掌握，所以过多地强调了偶然性因素。但随着计算速度和科技手段的提高，偶然性因素不断减少化为必然的因素，因此，天气预报准确的必然性逐步提高。大气的运动趋势受到很多的偶然因素的影响，这些偶然因素主要取决于空气分子的运动，空气分子的运动看似杂乱无章的、是偶然的，但是如果用分子力学中的定律去分析，分子的运动也是很有规律的。

在量子学中，量子的运动不像宏观物体一样是一个连续的过程，而是呈现几率波的形式。看起来在量子运动中只有偶然性在起作用，几乎看不到它的必然性。不论是在宏观物质世界还是在微观物质世界，物质的运动和发展的过程中都会受到大量的没有认知的客观因素的影响。因为我们没有认知这些客观因素，我们会认为物质运动和发展的结果是出乎我们的意料的。这种结果带有一种超乎想象的神秘的色彩。爱因斯坦把这一现象叫做上帝在掷骰子。他说："上帝不会掷骰子"，意思是说这种神秘现象的背后一定是必然性的规律在起作用，只不过我们没有发现这些规律。即便是上帝在掷骰子，掷骰子的结果也是可以判断的。骰子在抛向空中落在桌面上是一个变化发展过程，如果对这一过程全面跟踪研究，我们就会发现这一过程是力学规律在起作用。通过对力学的全面分析我们便可以精确预测掷骰子的最终结果。

从以上的各种分析结论中我们发现，偶然性是因为我们没有认识和掌握更微观事物的变化规律才形成的观念。如果从以超微观视角看待事物的发展，必然性是绝对的概念，偶然性只是相对的概念，或者说世界上任何事物的发展只有必然性没有偶然性。偶然性其实并不偶然，只不过人们还没有认识到其中的规律，把它当做了偶然，即客观上的偶然性其实是不存在的，它只不过是人类的主观上的一个产物。科技的发展不断证明，人类掌握的知识越多，越广，从"偶然"后面发现的"必然"就越多。这一观点与我的"量变是绝对的，质变是相对的"观点一致，这一观点的适用范围是超越人类视角的，是从超微观视角看待事物发展的。

中500万大奖一定是好事吗
——好与坏的辩证法

一无所有，就一无所失。

——莎士比亚

有失必有得，有得必有失。

——爱默生

失掉的东西越多，就越富有：因为心灵会创造所缺少的东西。

——罗曼·罗兰

我们上中学时都学习过辩证法，任何事物都要一分为二地去看，有好有坏。我们都明白这样的道理，但在现实中却很少有人能做到把任何事物都能从好坏、优劣两个方面去分析。几乎百分之百的人都认为有钱是好事，有几个人看到了有钱是坏事呢？几乎百分之百的人把娶到漂亮妻子看成是好事，有几个人认为娶一个丑妻子是好事呢？做生意时几乎百分之百的人都想在客户那里赚得更多，有几个人认为赚得多并不是好事呢？以上这些现象司空见惯了，就是因为我们大多数人总是按照一定习惯和思维的定式去做的缘故。这些人就是普通人、多数人、最平凡的感性人。而真正按照辩证法去思维同时用于行动中的人，是理性的人，是智人、不平凡的人。

如果你把任何事物都能用好坏两个方面去看待，你就不会有疑惑、烦恼和痛苦。假如你在做生意，你在销售一种产品，你的成本是一万元，而你的客户只出了一万元，你并没挣到利润，这时你可能因为没挣到钱在烦恼，如果你看到这件事的另一面，你吃了亏，而你的客户占到便宜，人都有七情，他会感恩的，他也许会给你介绍五个新的客户，你的利润就是原来的五倍。假如你狠狠地赚了他一把，别人卖2万你卖5万，你可能认为这单生意太好了，而你的客户开始不知道，等知道了以后他会有一种上当受骗的感觉，他再也不会买你的产品了。以上的做法就是我所表达的一分为二地看问题。同样地，你娶到了一位丑妻子也有非常大的好处。你现在穷困潦倒，你身患疾病，你同样能从中受用它带来的益处，你自己仔细去想吧！如果你想不到它的益处我再告诉你。

做事和行动也有好有坏两个方面。如果你经营一个公司，绝大多数人都认为公司在短期内赚的钱越多越好，成本越节约越好，给员工的工资越低越好，请客费用越省越好，管理的越严越细越好，员工加班越多越好，但你想过这些做法的缺点了没有？短期内赚钱容易不能长久，成本节约会对产品质量造成影响，工资低员工就跳槽频繁，请客费用省，客人就会认为你老板小气，管理的严，员工就失去自由，员工加班多，员工就害怕工作，对工作失去兴趣。因此，任何的做法和行动都有它的好坏两个方面。

究竟好与坏哪个方面是主导地位呢？比如说钱多是好事还是坏事呢？这要看这件事是处于什么环境之中，如果你没有钱，连吃饭的钱也没有了，当然有吃饭钱是好事。如果你遇到了强盗或者绑匪，当然没有钱是好事。因此，任何事情的好与坏两个方面在不同的环境和条件下是可以转化的。好事在一定的环境条件下可能变成坏事，坏事在一定的环境和条件下可能转化为好事，物极必反。我们都要在实际行动中把握这些要领，做一个智者。

8 岁人的 1 天 =80 岁人的 10 天
——时间相对论

时间最不偏私，给任何人都是 24 小时；时间也是偏私的，给任何人都不是 24 小时。

——赫胥黎

世界上最快而又最慢，最长而又最短，最平凡而又最珍贵，最容易被人忽视，而又最令人后悔的就是时间。

——高尔基

（应用超越哲学的观点阅读和理解本篇文章）

研究什么是时间有意义吗？你会说这是三岁小孩都知道的东西，研究它有何意义？等到你看完这篇文章再议论不迟。

如果我问你：“时间是什么”？你能回答上来吗？也许你会说时间就是年、月、日、时、分、秒。我说这种回答就太简单了。我的回答是：时间是物质运动的一种轨迹记录。年是地球绕太阳一周的记录，日是地球自转一周的记录，时是钟表的分针转一周的记录等等。一个人一生能活七八十岁，也就是七八十年，人的一生感觉很漫长，从小到大，生儿育女后逐渐衰老，然后死亡，也就是说人感觉一百年是非常漫长的。如果有个比赛：让人和动物在一个月之内完成出生、长大、生儿育女、衰老的过程，人能做到吗？不可能，因为时间太短了，而虫子就可以做到这些，它们不觉得时间短。为什么人觉得时间短，而虫子不觉得短呢？

我说这话是有根据的。中央电视台科教频道的节目我经常看，其中有关苍蝇的一段就是这样描述的。苍蝇的代谢非常之快，它们感觉水滴的降落非常之慢，与我们人类的感觉截然不同。它们做事的速度非常快，比人类快百倍。这就说明时间的长短是由机体的代谢速度决定的，代谢快，感觉时间慢，代谢慢，感觉时间快。这种观点有点像爱因斯坦的相对论，但角度不同。因此，时间的长短是因为观察的角度不同，站在人类的角度看，一天的时间很快就过去，而站在虫子的角度，一天的时间非常漫长，就像一年一样。因此，我们不能仅仅从人类的角度出发去看待一切，要从不同的角度去看待同样的事物。

机体的代谢也是物质运动的一种轨迹记录。一个冬眠的动物，春天醒来时，就像做了一个梦，感觉时间太快了，因为机体的代谢太慢了。在动物的机体中，有生物钟的存在，这个生物钟的运转速度决定了感觉中的时间。代谢快，生物钟走得快，则感觉时间过得慢；代谢慢，生物钟走得慢，则感觉时间过得快。

按照这一推理，代谢非常慢的生物就会感觉时间非常快，不代谢时即机体死亡之后，时间就无限慢，也就是时间为零。这与传统的自然科学是否存在矛盾呢？我说，这是用另一个角度去探讨世界，即用人眼之外的第三只眼去研究世界。我们用这一推理发现，时间无所谓长或短，关键是站在什么角度看。机体死亡，时间即不存在，时间只是一种感觉（我这里声明：这是一种猜想，让其他人去证实吧！）。按照这一假设，科学家可以调节人体的代谢速度，会出现对时间的新感觉，我想，这一实验并不难做。我们自己也清楚，睡觉就感觉时间非常之快，这与代谢会有直接关系。

通过这一理论，我们发现，时间不是均衡的。做的事情多，我们的代谢就快，感觉时间慢；无所事事，睡大觉，感觉时间就快。因此，一生中做更多的事，就相当于生命的延长，这样才没有虚度时光。研究时间的意义在哪里呢？有所感悟吧？

后 记

——对于哲学批判的批判

一、如何看待真理

西方哲学史上许多的哲学派别之间互相批判，某一哲学派别在批判另一派别时，把对方说成是谬误，简直是一文不值，而另一派别对前一派别也以同样的方式还击，这样打来打去，打了约两千年。这样的情况一直持续至今，肯定有它的历史原因，或者符合某种规律性。我不知它的历史原因，我可以回答出现这种“哲学战争”背后的规律。这种规律就是一个定律：任何事物都有好坏两面性，或者说，任何事物从一个角度看它是好的（对的），而从另一角度看它又是坏的（错的）。这也符合“任何真理都有相对性”的原理，真理的相对性说明，任何真理都有它的适应条件及范围。用这个定律就可以解释“哲学的战争”为什么打了两千年。

有人说唯心主义难道也是真理吗？我的回答：它是谬误。我看，先不必评判唯心主义的对与错，我们现在评判它有没有社会意义，是否对人类有所贡献。宗教基本上都是唯心主义的，宗教在历史上乃至今天仍然是社会文化的重要组成部分，它对社会的积极意义不可磨灭。比如佛教，它教人修炼内心，博爱众生，克制内心不良的欲望等等，这些教义对人类道德的提升有着非常大的积极意义。

二、如何看待唯心主义世界观

一个几岁大小的孩子，从来没有学过哲学，他会认为世界上的一切物体都是实实在在的，是不以人的意志为转移的独立存在，因此最容易接受唯物主义观念。随着人慢慢长大，逐步意识到自我感官的重要性，有些人就会意识到外界的一切物体存在与自己的感官有关：有了眼睛就会看到七彩的颜色，有了耳朵就会听到各种声音，有了鼻子就会闻到各种气味。那么这些人就会推理：一切物体的存在皆出于自我感觉（内心），如果自我不存在，世界上的一切物体就不存在。有些人再进一步思考和归纳，把自我意识归结为物质出现的本源，把自我的精神世界与外部的物质世界画等号，把眼睛中所看到的山等价为精神世界中原本就存在的“意识山”，这就是唯心观。

唯心主义的世界观是以自我为视角，以自我意识为核心的。唯心观认为：一切的物质世界对于自我来说，就是精神的世界，若人不存在，物质世界存在就没有价值，因此唯心观把物质世界对人的价值与精神世界对人的价值等价。有的唯心观干脆把物质世界直接看成或翻译成了精神世界，黑格尔把它称为绝对精神，佛教把它称为“心”。当然，我这里对唯心主义的世界观的总结太粗浅了，唯心主义观有很多的派别，有客观唯心主义，也有主观唯心主义。但唯心主义共性是把意识说成是第一性的。

如果我们初次到人迹罕见的深山老林中去旅游，你就会觉得人类是渺小的，自然界是伟大的，时间长了以后，你就会撇开自我的视角甚至撇开人类的视角去看世界。这时你就会认为物质世界是丰富多彩的，确实是不以人的意识为转移的客观存在。这时你的观点就是唯物主义的世界观，因为你是站在大自然的视角去看世界的。

因此，你站在哪个角度去看世界是决定你形成唯心主义和唯物主义的观点的根本原因。一般来说，从事自然科学研究的人，信仰宗教的人就少。我们从西方哲学史书中可以看到有很多的科学家自说是信仰宗教，甚至一些唯物主义者也承认上帝的存在，这是什么原因呢？这是有历史原因的。在西方的奴隶和封建社会，如果不信仰基督教就会受到迫害甚至被处死。这些科学家大部分从骨子里头是不信仰基督教的，表面上信仰基督教，也只是保身之计，我们不能把这样的人全部看成是唯心主义者。从事自然科学研究的人一般都是以科学实验为依据的，在科学实验中一般都不会掉到"自我"之中，形成唯物观的人比较多。从事社会学研究的人，情况则不是这样。

唯心观是把意识作为第一性的，唯心观承认意识是以感觉为基础的，也就是说，唯心观把感觉作为世界的本质，即把感觉神圣化了。我们确实生活在一个物质世界里，但我们每个人得到的都是一个感觉的世界。物质世界是物质的，感觉世界是意识的，但两种世界对于我们的价值是相同的。唯物主义者把前者看成是第一性的，唯心主义者把后者看成是第一性的。这就是两种世界观的差别，它们的差别是看事物的角度不同。在我的《感觉论》一文中曾出现过"我们生活在一个物质世界，不如说我们是生活在一个感觉世界里"。实际上我并没否定物质世界的第一性，而是说感觉世界的价值与物质世界的价值等同。从感觉世界去看问题会得到一个全新的认识，就像我们看人体，从正面看是一个样子，从背面看又是另一个样子，只有把正、背、左、右几个面看全以后才会得出这个人体的全貌一样。因此，我的文章中出现的字句，只是强调我们应该从另一个角度去看事物，并不代表我是一个唯心主义者。

在我的《世界二元素论假说》一文中已阐明物质既有物性又有灵性，二者同时并存，不可分割，因此，物质和意识哪个是第一性的问题的争论可以告一阶段了。我的这一假说是建立在量子学发展基础上的，对物质概念在量子学中又有新的认识，马克思主义哲学产生时，还不存在量子学，那时物质不灭是真理，这种真理已被量子学否定。因此，马克思主义哲学应该进一步发展。我只是试图来做这样的发展。大家可以否定我的观点，因为我的文章主题就是假说，只有经过实践的检验才能验证它是真理或是谬误。即使是真理也是相对的，大家也可以任意批判，因为批判有批判的道理。

三、如何看待不可知论

按照辩证唯物主义的可知论，意识可以能动地反映世界，人类可以借助实践，使人的认识逐步逼近世界的终极本质（或者称绝对真理）。人类对物质世界存在未认知的部分，但这种未认知的部分可以通过实践逐渐缩小。这是一种积极的认识观，是乐观的认识观。也就是说物质世界的终极本质是在山那边，我们每走一步就会离物质世界的终极本质更近一些，每走一段就会得出一个真理，但真理很快也会被否定而再获得另一个真理。不可知论者认为我们永远得不到真理，他们把真理看成是世界的终极本质，把世界的终极本质与真理等同。可见，虽然不可知论者的视角与辩证唯物主义的可知论者的视角发生了变化，前者把终极目标当成了真理，但是，不可知论者的最终结论与可知论者的最终结论相同：我们确实没有到达物质世界的终极本质目标。不可知论者认为：我们的认识不可能反映物质世界的本质（即终极本质），唯物主义的可知论者认为：我们的认识已经反映了物质世界的部分本质（相对真理），无数部分本质（相对真理）的总和就构成终极本质（绝对真理）。可见，这是同一个结论的两种说法，只是角度不同。因此，可知论者是站在乐观的立场上看待人的认识活动，而不可知论者是站在悲观的立场上看待人的认识活动的。可知论者认为，人可以认识一切（本质），不可知论者认为人不能认识一切（本质的），前者认为人是伟大的，后者认为人是渺小的，前者是站在人类的认识活动的出发点说话，后者是站在认识目标的终点说话。因此这又回到前面我提到的一个物体需从几个侧面观看的问题。我们既要承认人是伟大的，又要承认人是渺小的。马克思主义认为“人的思维既是至上的，又是非至上的”。承认伟大也就有了信心，但不承认渺小就会骄傲盲目。我们要承认我们的认识始终与客观世界的本质之间有差距，通过实践可以缩小这一差距，同时我们又要意识到我们人类视角的狭窄性，我们应用第三只眼看世界。

在《人类的认识偏差》一文中，我特别强调了人类视角的狭窄性，但我没有否认人类认识的能动性。因为这种能动性是大家所熟知的，所以我写文章的目的是为了更多地借鉴一些反例，用反命题来验证正命题的正确性，同时加以修正正命题。在《感觉论》一文中我提出“真正的物质世界本质是不可以描述的”，这里真正的物质世界本质指的是物质世界的终极本质。我们的人类到现在为止仍不能描述物质世界的终极本质，也就是说我们人类并非已经到达物质世界终极本质的彼岸，彼岸仍在山那边，我们依然在山这边，但我并没否认人类认识的能动性。我们以前过多地强调了人类认识的可知性，而忽略了人类认识的狭窄性。我在写文章时加以强调了狭窄性，并不代表我是不可知论者。有人会说我是一个折中主义者，我本人不这么看，我是一个辩证唯物主义的发展者，之所以称为发展者，是因为我的文章利用了新科技革命的成果。事物的发展必须经历一个否定之否定的发展过程，这正是辩证唯物主义的理论基石。

四、关于批判的批判

我写这篇文章的题目是《关于哲学的批判的批判》，事实上我并没有批判哪一个哲学流派。批判的批判就是不批判，我认为很多的哲学的流派都有它的历史价值，否则我们不会把除马克思、恩格斯之外的哲学流派创始人给以“哲学家”的美名。我们不要把本属一个事物的两个矛盾给割裂开来，把一个矛盾称为真理，而把另一个矛盾称为谬论，这本身就违背了辩证唯物主义的思想。我们看事物应该看到它的多个侧面，不要把其中一个侧面说成是它的本质，把另外几个面说成是它的对立面。诚然，除辩证唯物主义之外的许多哲学流派存在着谬误，但这种谬误是有适用条件的谬误，正像有适用条件的真理一样。因此，在一定的视角和适用范围内，对他们的批判是正确的，或者说，“对他们的批判是正确的”成立的条件必须是在一定的视角和适用范围之内。如果大家对我的观点进行批判，那么也同样符合这一原理。

我在本书的很多文章的开头或结尾都标注了文章观点的适用条件与范围，其目的就是想告诉读者，不能把我的这些观点应用在所有的场合即所有的范围。否则，在超出适用条件及范围之后，我的观点就会变成谬误。关于这一点，在我的《论真理的适用条件与范围》一文中有详细的阐述。

后　记

此书的内容是我25年思考的初步总结。本书的写作都是我在业余时间完成的，时间跨度大约8年。由于没有大块的时间，写作采用了独立文章的形式。因此，书的各个部分会显得不太连贯，对各个问题的阐述也不是很清晰、到位。书中有些观点的提出还有待进一步的论证，肯定会有错误或不妥之处，希望广大读者特别是专业的哲学工作者给予批评和指正。我准备将这些思考结论进一步系统化、理论化，再给读者呈现几本像样的书。

我很高兴和读者一起来探讨本书中谈到的各种问题。“三人行，必有我师”，我想，广大的读者将会给我许多的建议和启发。因而，在此留下我的电子邮箱：niexiaoqing@126.com。尽管由于我的工作很忙，我还是会尽力做到来信必复。若有不周，敬请见谅。

在本书写作的过程中，受到了首都经贸大学原校长张理泉教授、北京师范大学张百春教授的热情指导，在出版过程中，中央编译出版社的韩慧强老师、经济管理出版社的杨世伟社长、郭勇生老师都提出了宝贵的建议并给予了很大的支持，在此我向他们表示衷心的感谢！